Kais Bouzrara

Identification et commande prédictive robustes

Kais Bouzrara

Identification et commande prédictive robustes

Application sur les systèmes discrets linéaires modélisés sur les bases orthogonales

Presses Académiques Francophones

Impressum / Mentions légales
Bibliografische Information der Deutschen Nationalbibliothek: Die Deutsche Nationalbibliothek verzeichnet diese Publikation in der Deutschen Nationalbibliografie; detaillierte bibliografische Daten sind im Internet über http://dnb.d-nb.de abrufbar.
Alle in diesem Buch genannten Marken und Produktnamen unterliegen warenzeichen-, marken- oder patentrechtlichem Schutz bzw. sind Warenzeichen oder eingetragene Warenzeichen der jeweiligen Inhaber. Die Wiedergabe von Marken, Produktnamen, Gebrauchsnamen, Handelsnamen, Warenbezeichnungen u.s.w. in diesem Werk berechtigt auch ohne besondere Kennzeichnung nicht zu der Annahme, dass solche Namen im Sinne der Warenzeichen- und Markenschutzgesetzgebung als frei zu betrachten wären und daher von jedermann benutzt werden dürften.

Information bibliographique publiée par la Deutsche Nationalbibliothek: La Deutsche Nationalbibliothek inscrit cette publication à la Deutsche Nationalbibliografie; des données bibliographiques détaillées sont disponibles sur internet à l'adresse http://dnb.d-nb.de.
Toutes marques et noms de produits mentionnés dans ce livre demeurent sous la protection des marques, des marques déposées et des brevets, et sont des marques ou des marques déposées de leurs détenteurs respectifs. L'utilisation des marques, noms de produits, noms communs, noms commerciaux, descriptions de produits, etc, même sans qu'ils soient mentionnés de façon particulière dans ce livre ne signifie en aucune façon que ces noms peuvent être utilisés sans restriction à l'égard de la législation pour la protection des marques et des marques déposées et pourraient donc être utilisés par quiconque.

Coverbild / Photo de couverture: www.ingimage.com

Verlag / Editeur:
Presses Académiques Francophones
ist ein Imprint der / est une marque déposée de
OmniScriptum GmbH & Co. KG
Heinrich-Böcking-Str. 6-8, 66121 Saarbrücken, Deutschland / Allemagne
Email: info@presses-academiques.com

Herstellung: siehe letzte Seite /
Impression: voir la dernière page
ISBN: 978-3-8381-4026-1

Copyright / Droit d'auteur © 2014 OmniScriptum GmbH & Co. KG
Alle Rechte vorbehalten. / Tous droits réservés. Saarbrücken 2014

Notations

Liste d'abréviations

AR	AutoRegressive
BIBO	Bounded Input Bounded Output
BOG	Base Orthogonale Généralisée
CARIMA	Controlled AutoRegressive Integrated Moving Average
CPR	Commande Prédictive Robuste
CO	Conditions d'Optimalité
DMC	Dynamic Matrix Control
FIR	Finite Impulse Response (Filtre à réponse impulsionnelle finie)
GPC	Generalized Predictive Control
LMI	Linear Matrix Inequality (Inégalité matricielle linéaire)
LMS	Least Mean Squares (Moindres carrés moyens)
LQG	Linéaire Quadratique Gaussien (Linear Quadratic Gaussian)
LS	Moindres carrés (Least Squares)
LTI	Linéaire Invariant dans le Temps
MIMO	Multi-entrées multi-sorties (Multi-Input Multi-Output)
MISO	Multi-entrées mono-sortie (Multi-Input Single-Output)
MPHC	Model Predictive Heuristic Control
MSE	Erreur quadratique moyenne (Mean Squared Error)
QP	Programmation quadratique (Quadratic Programming)
RSB	Rapport signal sur bruit (Signal to Noise Ratio)
SISO	Mono-entrée mono-sortie (Single-Input Single-Output)
UBBE	Erreur inconnue mais bornée (Unknown But Bounded Error)
UEBO	Unified Ellipsoïdal Outer Bounding

Liste de Symboles

$\mathbb{R}$	Corps des réels.
$\mathbb{C}$	Corps des complexes.
$\mathbb{N}$	Ensemble des entiers naturels.
$\mathbb{K}^{p \times m}$	Algèbre des matrices de dimension $(p \times m)$ à coefficients dans $\mathbb{K}$.
$\mathcal{T}$	Le cercle unité $\{z : |z| < 1\}$.
D^c	Complémentaire du cercle unité $\{z : |z| \geq 1\}$.
l_2	Espace de Lebesgue des fonctions de carré intégrable.
$\mathcal{H}_2(\mathcal{T})$	Espace de Hilbert des fonctions de carré intégrable sur le cercle unité $\mathcal{T}$
$\mathcal{H}_2(D^c)$	Espace de Hardy des fonctions de carré intégrable sur le cercle unité qui sont analytiques à l'extérieur du cercle unité.
$\mathcal{H}_2^{m \times r}(D^c)$	Espace de Hardy des matrices de transfert de dimensions $(m \times r)$ et dont ses éléments sont dans $\mathcal{H}_2(D^c)$.
$\{\mathbf{B}(z)\}$	Ensemble de fonctions orthonormales.
I_n	Matrice identité de dimension n.
$Re(A)$	Partie réelle de A.
$Im(A)$	Partie imaginaire de A.
$det[A]$	Déterminant de A.
A^T	Matrice transposée de A.
$\overline{A}$	Matrice conjuguée de A.
A^*	Matrice conjuguée transposée de $A : \overline{A}^T$.
$trace(A)$	Somme des éléments diagonaux de la matrice A.
ω	pulsation (rad/s).
$\underline{\xi}$	vecteur contenant les pôles
$\otimes$	Produit de Kronecker.
Δ_{kn}	Fonction discrète delta de Dirac.
δ_{kn}	symbole de Kronecker.

$$diag(A,B) = \begin{bmatrix} A & 0 \\ 0 & B \end{bmatrix}.$$

Table des matières

Table des figures

Liste des tableaux

Introduction générale

La modélisation, aspect fondamental de toutes les sciences appliquées, vise à établir des relations mathématiques entre différentes variables caractéristiques d'un système. Deux approches d'élaboration d'un modèle mathématique peuvent être envisagées. La première, connue sous le nom de modélisation théorique (ou boite blanche), est basée sur la connaissance des lois physico-chimiques, biologiques ou autres régissant le système réel et la deuxième ne nécessitant aucune information a priori du processus, consiste à sélectionner une structure du modèle et à adapter ses paramètres, en optimisant un critère de performance. Cependant le modèle résultant ne constitue qu'une approximation du système réel vue les erreurs, regroupées sous l'erreur de modélisation, et qui sont dues essentiellement aux :

- non linéarités, souvent négligées, dont la caractérisation est généralement trop complexe pour pouvoir être prise en compte
- limitations des organes de commande (actionneurs) et de la chaîne de mesure (capteurs).
- perturbations extérieures qui, généralement ne sont pas prises en compte dans la modélisation.

Une fois le modèle est établi, on procède à l'identification de ses paramètres.

Les techniques d'identification des paramètres du modèle supposent que les propriétés statistiques (variance, moyenne,...) de l'erreur de modélisation sont connues et estiment un vecteur de paramètres dont la convergence dépend de ces propriétés. Pour contourner cette hypothèse irréaliste, l'approche de l'erreur inconnue mais bornée stipule que les connaissances sur cette erreur se limitent à sa bornitude entre deux valeurs et le vecteur de paramètres du modèle appartient à un domaine appelé domaine d'appartenance. La méthode d'identification aura pour mission d'actualiser ce domaine suite à l'acquisition de toute nouvelle mesure. Il est important d'établir un modèle dont sa structure est simple

(linéaire, par exemple) et d'une taille suffisamment petite afin de réduire la complexité
des méthodes de résolution des problèmes d'identification. Il s'agit essentiellement d'optimiser le compromis entre la complexité du modèle produit et sa simplicité d'utilisation,
cette étape implique dans la majorité des cas la résolution de problèmes d'optimisation
complexes et de grande taille. En particulier, les problèmes de réduction de modèles et
d'identification robuste conduisent tout naturellement à la définition de problèmes d'optimisation non convexes pour lesquels des méthodes de résolution adéquates doivent être
développées. Dans le premier cas, la décomposition d'une fonction (matrice) de transfert
d'un système surparamétrisé, sur des bases de fonctions orthogonales, permet de donner
un cadre puissant pour l'obtention d'une réalisation minimale du modèle. Cependant la
réduction de l'ordre de ces modèles suppose de résoudre un problème d'optimisation des
paramètres caractérisant la base orthogonale notamment les pôles.

Une fois le modèle incertain du système est défini, il s'agit de synthétiser une commande
compatible avec la structure du modèle et qui garantit un certain niveau de performances
satisfaisant quelles que soient les valeurs des incertitudes et des perturbations pouvant
affecter le système.

Ce livre traite les aspects de modélisation, d'identification robuste et de commande
prédictive robuste des systèmes multivariables.

  – Concernant la modélisation et dans l'objectif de réduire la complexité du modèle,
    on procède à la décomposition de celui-ci sur une base de fonctions orthogonales.
    Trois bases ont été présentées dans la littérature [Ninness et Gustafsson, 1997],
    [Malti, 1999], il s'agit de la base de Laguerre, la base de Kautz et la base orthogo-
    nale généralisée (BOG). La représentation d'un système sur une base orthogonale
    présente l'avantage de s'exprimer de façon linéaire par rapport aux coefficients du
    modèle. Dans ce rapport on s'intéresse plus particulièrement à la base BOG. Pour
    garantir la réduction du modèle résultant, on est amené à réduire le nombre de
    fonctions formant la base. Ceci peut être assuré lorsque les pôles définissant la base
    sont calculés de manière optimale. Ainsi on propose une méthode d'optimisation des
    pôles de la base BOG dans le cas de systèmes monovariables. L'extension de cette
    technique au cas des systèmes MISO (multi-input single-output) a été également
    développée.

  – Une fois le modèle réduit est obtenu, on procède à la détermination du domaine d'appartenance des coefficients de ce modèle. Ceci est achevé en utilisant les techniques d'identification à erreur bornée où les incertitudes sur le modèle sont supposées inconnues mais bornées. Le domaine d'appartenance peut être un ellipsoïde, un orthotope, un polytope ou autre. Dans ce rapport, on a testé les méthodes d'identification à erreur bornée pour mettre à jour les trois domaines précédents dans le cas de systèmes MISO.

– Le dernier volet consiste à développer une commande prédictive robuste des systèmes multivariables. Ceci est atteint par la minimisation d'un critère de performance en tenant compte des contraintes physiques et des contraintes résultantes des incertitudes paramétriques et résumées par le domaine d'appartenance mis à jour lors du paragraphe précédent. La résolution de ce problème d'optimisation produit une séquence de commandes futures dont uniquement les premières valeurs sont appliquées au système. Le modèle utilisé est celui issu de la décomposition du système multivariable sur la base orthogonale BOG. Trois critères de performance ont été considérés, il s'agit du critère quadratique, du critère basé sur la norme l_1 et du critère basé sur la norme infinie. La résolution du problème d'optimisation précité est assurée en formulant celui-ci sous forme des contraintes LMI (inégalités matricielles linéaires) dont la résolution est obtenue en utilisant la programmation mathématique.

Ce rapport est organisé comme suit :

Dans le **premier chapitre**, nous introduisons la notion de bases orthogonales. Dans un premier temps, nous présentons les différents outils mathématiques nécessaires où l'on rappelle les espaces et les sous espaces vectoriels, les espaces hilbertiens et la notion d'orthogonalité. Dans un deuxième temps, nous donnons une revue bibliographique sur les bases de fonctions orthogonales à savoir la base FIR, la base de Laguerre, la base de Kautz et la base BOG. Pour chacune de ces bases, nous présentons les fonctions définissant la base, le calcul des coefficients du modèle, le réseau de filtres régissant la base et la représentation d'état correspondante. Nous terminons par une présentation unifiée de toutes ces bases.

Le **deuxième chapitre** est consacré à la modélisation des systèmes linéaires discrets multivariables (MIMO). Dans un premier temps nous décrivons les modélisations traitées dans la littérature tout en développant les différents passages possibles entre elles. Dans un deuxième temps nous donnons le modèle des systèmes linéaires MIMO résultant de la décomposition de ces systèmes sur la base orthogonale généralisée (BOG). Afin de réduire la complexité du modèle résultant, on est amené à minimiser le nombre de filtres qui constituent la base BOG, ceci exige l'optimisation des pôles de la base BOG. Cependant, vue la complexité du choix des pôles et la détermination du domaine d'appartenance des paramètres dans le cas d'un système MIMO, on est amené à décomposer le système en plusieurs sous systèmes MISO : propriété fondamentale qui sera utilisée dans le chapitre suivant.

Dans le **_troisième chapitre_**, nous donnons une nouvelle technique d'optimisation des pôles de la Base orthogonale généralisée applicable aussi bien aux systèmes SISO qu'aux systèmes MISO. Nous présentons ensuite les méthodes d'identification connues sous le nom d'approches erreur inconnue mais bornée. Ces approches auront pour mission de mettre à jour un ensemble d'appartenance des paramètres de type polytope, orthotope ou ellipsoïde suite à l'acquisition de toute nouvelle mesure.

Dans le **_quatrième chapitre_**, nous nous intéressons à la synthèse d'une commande prédictive robuste à base du modèle (RMPC) des systèmes multivariables. Dans un premier temps, nous donnons l'algorithme permettant le calcul d'un prédicteur à i-pas des sorties du modèle issu de la base BOG. Dans un deuxième temps nous développons les algorithmes de commande prédictive robuste en minimisant différents critères de performance à N_p pas et en tenant compte des incertitudes paramétriques.

Chapitre 1

Bases de fonctions orthogonales

1.1 Introduction

L'étude des représentations des systèmes sur les bases orthogonales nécessite une connaissance mathématique sur quelques notions de base. De ce fait nous avons jugé préférable de consacrer la première partie à la description des outils mathématiques que nous utiliserons très souvent dans la deuxième partie et dans les chapitres qui suivent. Nous présenterons ainsi quelques propriétés des espaces vectoriels et préhilbertien tout en définissant le produit scalaire et la notion de normes pour les signaux et les systèmes. On terminera cette partie par quelques définitions sur l'orthogonalité. Dans la seconde partie, on introduit la technique de représentation des systèmes monovariables sur la base de fonctions orthogonales telle que la base FIR, la base de Laguerre, la base de Kautz et la base orthogonale généralisée (BOG). Pour chacune de ces bases, nous présentons les fonctions définissant la base, le calcul des coefficients du modèle, le réseau de filtres régissant la base et la représentation d'état correspondante. Nous terminons par une présentation unifiée de toutes ces bases.

1.2 Description des outils mathématiques

1.2.1 Espaces vectoriels, sous-espaces vectoriels

1.2.1.1 Espaces vectoriels

Un espace vectoriel E défini sur un corps $\mathbb{K}$ est un ensemble contenant au moins le vecteur nul noté 0, et muni de deux opérations : une addition (interne) $u \in E$, $v \in E$, $u + v \in E$, une multiplication (externe) par les scalaires $\lambda \in \mathbb{K} : u \in E$, $\lambda.u \in E$. Ces opérations satisfont les propriétés de commutativité, d'associativité, d'élément neutre et de distributivité.

1.2.1.2   Sous-espaces vectoriels

Soit E un espace vectoriel, et $F \subset E$. F est un sous espace vectoriel de E si et seulement si :

F est non vide

$u,\, v \in F \to u + v \in F$

$u \in F,\, \alpha \in \mathbb{R} \to \alpha.u \in F$

1.2.2   Espaces de Hilbert

1.2.2.1   Distances, Normes et suites de Cauchy [Favier, 2001]

Distances et espaces métriques :

<u>Définition d'une distance</u>

Etant donné un ensemble E de points $x,\, y,\, z \ldots$, on appelle *distance* sur E toute application de $E \times E$ dans $\mathbb{R}^+$, notée $d(.\,,.)$, ayant les propriétés suivantes $(\forall\, x,\, y,\, z\, \in\, E)$:

- **P1**. $d(x,x) = 0$
- **P2**. $d(x,y) = 0 \;\Rightarrow\; x = y$
- **P3**. $d(x,y) = d(y,x)$ (symétrie)
- **P4**. $d(x,y) \leq d(x,z) + d(z,y)$ (inégalité triangulaire)

Le nombre réel positif ou nul $d(x,y)$ est appelé *distance* de x à y. L'ensemble E muni de la distance $d(.\,,.)$ est appelé *espace métrique*, et il est en général noté (E,d). Si la propriété **P2** n'est pas imposée, on dit que $d(.\,,.)$ définit une *semi-distance* sur E, et $d(x,y)$ peut alors être nul pour un couple de points $x,\, y$ distincts. Si la semi-distance peut prendre la valeur $+\infty$, $d(.\,,.)$ est alors appelé un *écart* sur E.

<u>Définition d'une norme</u>

Etant donné un espace vectoriel E sur $\mathbb{K} = \mathbb{R}$ ou $\mathbb{C}$, toute application de E dans $\mathbb{R}^+$, notée $\|\,.\,\|$, vérifiant les propriétés suivantes $(\forall\, x \in E,\, \forall\, y \in\, E, \forall\, \lambda \in\, \mathbb{K})$:

- **PN1**. $\|\, x \,\| = 0 \;\Rightarrow\; x = 0$

- **PN2**. $\| \lambda x \| = |\lambda| \| x \|$ (homogénéité)
- **PN3**. $\| x + y \| \leq \| x \| + \| y \|$ (inégalité triangulaire ou de Minkowski)

est appelée une norme sur E. Selon que les éléments de E sont des vecteurs (n-uplets ou suites infinies de nombre), des matrices ou des fonctions, on parlera de norme vectorielle, de norme matricielle ou de norme fonctionnelle.

L'espace vectoriel E muni d'une norme est appelé espace vectoriel normé (e.v.n), et il est en général noté $(E, \| \cdot \|)$. Un vecteur dont la norme est égale à l'unité est appelé vecteur unitaire, et on dit qu'il est normalisé.

Il est à noter que dans **PN2**, $|\lambda|$ désigne la valeur absolue ou le module de λ selon que $\mathbb{K} = \mathbb{R}$ ou $\mathbb{C}$; d'autre part, E est supposé être un espace vectoriel (réel ou complexe) et non un ensemble quelconque, comme cela est le cas pour la définition d'une distance.

Distance associée à une norme

La norme est utilisée comme mesure de la longueur d'un vecteur de E. Elle peut aussi être utilisée pour définir la distance entre deux éléments x et y de E comme :

$$d(x,y) = \|x - y\| \tag{1.1}$$

L'espace vectoriel normé E est alors un espace métrique pour la distance $d(.\,,.)$ ainsi définie.

Suites de Cauchy   :

Définition d'une suite d'éléments d'un espace vectoriel

Soit E un espace vectoriel sur $\mathbb{K} = \mathbb{R}$ ou $\mathbb{C}$. On appelle suite (infinie) d'éléments de E indexée par $\mathcal{I} \subset \mathbb{N}$ (ensemble des entiers naturels) toute application $f : \mathcal{I} \to E$, définie sur $\mathcal{I}$, à valeurs $f(n) = x_n$ dans E.

Une telle suite sera notée $\{x_n\}_{n \in \mathcal{I}}$ ou simplement $\{x_n\}$.

Convergence d'une suite

Dans un e.v.n. E, la suite $\{x_n\}$ est dite convergente en norme vers un vecteur x de E si la relation suivante est satisfaite :

$$\lim_{n \to \infty} \|x_n - x\| = 0 \tag{1.2}$$

La condition de convergence (1.2) peut être réécrite en termes de la distance $d(x_n,x)$ associée à la norme $\|x_n - x\|$:

$$\forall \, \varepsilon > 0, \, \exists \, N \in \mathcal{I} \; : n \geq N \Rightarrow d(x_n,x) \leq \varepsilon$$

ce qui signifie que pour tout $\varepsilon > 0$, à partir d'un certain rang N tous les x_n sont dans la boule fermée $\mathcal{B}(x, \, \varepsilon] = \{y \in E \; / d(x,y) \leq \varepsilon\}$, de centre x et de rayon ε. Si la limite x existe, alors elle est unique, et on dit que la suite est convergente. Sinon, on dit que la suite est divergente.

Définition d'une suite de Cauchy

On dit qu'une suite $\{x_n\}_{n \in \mathcal{I}}$ d'éléments d'un e.v.n. E est une suite de Cauchy dans E si :

$$\lim_{m,n \to \infty} \|x_m - x_n\| = 0 \tag{1.3}$$

ou de manière équivalente, si

$$\forall \, \varepsilon > 0, \, \exists \, N \in \mathcal{I} \; : m \geq N \; et \; n \geq N \Rightarrow d(x_m,x_n) \leq \varepsilon \tag{1.4}$$

1.2.2.2   Produits scalaires et Normes induites

Produits scalaires   :

Dans le cas réel un produit scalaire sur E est une forme bilinéaire définie symétrique positive. i.e :

- C'est une forme : $E^2 \to \mathbb{R}$

  $(x,y) \to \, < x,y >$
- bilinéaire: $\forall \, a, \, a' \in \mathbb{R}, \, x, \, x', \, y, \, y' \; \in E,$

  $< ax + a'x', \, y >= a < x,y > + a' < x',y >$

  $< x, \, ay + a'y' >= a < x,y > + a' < x,y' >$
- définie : $\forall \, x \in E, \; < x,x >= 0 \Rightarrow x = 0$
- symétrique : $\forall \, x, \, y \in E, < x,y >=< y,x >$
- positive : $\forall \, x \in E, \; < x,x > \, \geq 0$

Dans le cas complexe un produit scalaire sur E est une forme linéaire symétrique définie positive. i.e :

- C'est une forme : $E^2 \to \mathbb{C}$

  $(x,y) \to < x,y >$

- linéaire : $\forall\ a \in \mathbb{C},\ x,\ y \in E,$

  $< ax,y >= a < x,y >$

- symétrique hermitienne : $\forall\ x,\ y \in E,\ < x,y >= \overline{< y,x >}$

- définie : $\forall\ x \in E,\ < x,x >= 0 \Rightarrow x = 0$

- positive : $\forall\ x \in E,\ < x,x > \geq 0$

Norme induite d'un produit scalaire :

Etant donné un espace vectoriel E sur $\mathbb{K} = \mathbb{R}$ ou $\mathbb{C}$, muni de produit scalaire $< .\, , . >$, ce produit scalaire induit une norme $\|.\|$ sur E définie par la relation (pour tout x de E)

$$\|x\| = < x,x >^{1/2}$$

1.2.2.3 Espaces de Hilbert

Espaces vectoriels complets-Espaces de Banach :

Un e.v.n. E est dit *complet* si toute suite de Cauchy formée avec des éléments de E est convergente dans E. Un espace vectoriel normé complet est appelé un espace de Banach.

Espaces préhilbertiens et espaces de Hilbert :

Un espace préhilbertien est un espace vectoriel E muni d'un produit scalaire $< .\, , . >$, et normé par la norme induite $\|x\| = < x,x >^{1/2}$. On le note $(E, \|.\|)$.

Un espace de Hilbert (ou espace hilbertien) est un espace préhilbertien complet.

1.2.2.4 Exemples de normes [Samblancat, 1991]

Normes pour les signaux :

⋆ **Espace de Lebesgue** l_2

Soit un signal $x(t)$ définit pour $-\infty < t < \infty$ et prenant des valeurs dans $\mathbb{C}^n$. Le signal $x(t)$ est dit Lebesgue carrée intégrable s'il vérifie la relation (1.5)

$$\int_{-\infty}^{\infty} x^*(t)x(t)dt < \infty \qquad (1.5)$$

Avec $(.)^*$ désignant la transposée du complexe conjugué. L'ensemble de ces signaux constitue l'espace de Lebesgue $l_2(-\infty,\infty)$. Le produit scalaire $< x,y >$ associé est défini par :

$$< x,y > = \int_{-\infty}^{\infty} x(t)^* y(t)dt \qquad (1.6)$$

La norme l_2 de $x(t)$ est alors définie par la relation (1.7)

$$\| x \|_2 = \sqrt{\int_{-\infty}^{\infty} \| x(t) \|^2 \, dt} \qquad (1.7)$$

L'ensemble des signaux dans $l_2(-\infty,\infty)$ qui sont égaux à zéro pour tout $t < 0$ est un sous espace fermé dénoté $l_2(0,\infty)$.

Soit un signal $x(j\omega)$ défini pour toute fréquence $-\infty < \omega < \infty$ (prenant des valeurs dans $\mathbb{C}^n$) est Lebesgue carrée intégrable par rapport à ω. L'ensemble de ces signaux constitue l'espace de Lebesgue noté l_2. Cet espace est un espace de Hilbert sous le produit scalaire :

$$< x,y > = \frac{1}{2\pi} \int_{-\infty}^{\infty} x(j\omega)^* \, y(j\omega) \, d\omega \qquad (1.8)$$

⋆ **Espace de Hardy $\mathcal{H}_2$**

On définit $\mathcal{H}_2$, l'espace de toutes les fonctions $x(s)$ qui sont analytiques pour $Re(s) > 0$, prenant des valeurs dans $\mathbb{C}^n$, et satisfont la condition d'intégrabilité carrée uniforme :

$$\| x \|_2 = \sqrt{\sup_{\xi>0} \frac{1}{2\pi} \int_{-\infty}^{\infty} \| x(\xi + j\omega) \|^2 \, d\omega} < \infty \qquad (1.9)$$

Etant donné deux fonctions $X(z)$ et $Y(z)$ de $\mathcal{H}_2$, définies sur le cercle unité dans le plan de la variable complexe z, on peut définir le produit scalaire comme :

$$< X,Y > = \frac{1}{2\pi j} \oint_T X(z)\overline{Y(z)} \, \frac{dz}{z} \qquad (1.10)$$

avec $T = \{z : |z| = 1\}$ et dans T, on a $\overline{z} = z^{-1}$ ([Ninness et al, 1997b]).

1.2.2.5   Normes pour les systèmes

⋆ **Espace de Lebesgue** l_∞

L'espace $\mathbb{C}^{n \times m}$ comprend toutes les matrices complexes de dimension $n \times m$. Il y a plusieurs façons de définir une norme sur $\mathbb{C}^{n \times m}$. Pour être compatible avec la norme définie sur $\mathbb{C}^n$, on définit les valeurs singulières de $A \in \mathbb{C}^{n \times m}$ comme étant les racines carrées des valeurs propres de la matrice Hermitienne A^*A. La norme de A, $\parallel A \parallel$, est définie comme la plus grande des valeurs singulières.

Une matrice complexe de dimension $n \times m$, $F(j\omega)$, appartient à l'espace de Lebesgue si et seulement si $\parallel F(j\omega) \parallel$ est essentiellement bornée (bornée partout à l'exception dans un ensemble de mesure nulle). Alors la norme l_∞ de F est définie par

$$\parallel F \parallel_\infty = \sup_\omega \parallel F(j\omega) \parallel \qquad (1.11)$$

⋆ **Espace de Hardy** $\mathcal{H}_\infty$

L'espace $\mathcal{H}_\infty$ est formé par les fonctions $F(s)$ qui sont analytiques pour $Re(s) > 0$, prenant des valeurs dans $\mathbb{C}^{n \times m}$, et sont bornées pour $Re(s) > 0$, c'est à dire

$$sup\{\parallel F(s) \parallel; Re(s) > 0\}$$

alors la norme H_∞ de F est définie par la relation (1.12)

$$\parallel F \parallel_\infty = \sup_s \{\parallel F(s) \parallel; Re(s) > 0\} \qquad (1.12)$$

De la même façon que pour les espaces $\mathcal{H}_2$ et l_2, chaque fonction dans l'espace $\mathcal{H}_\infty$ a sa fonction limite dans l_∞. La correspondance entre fonctions de $\mathcal{H}_\infty$ et fonctions de l_∞ est une fonction linéaire, injective, et préserve la norme.

1.2.3   Orthogonalisation

Définition 1.1 :

Deux éléments f et g sont orthogonaux si $< f,g >= 0$. Une famille d'éléments $\{f_i\}_{i \in \mathcal{I}}$ dans E est nommée famille orthogonale si $< f_i,f_j >= 0$ dès que $i \neq j$; c'est une famille orthonormale si de plus $\|f_i\| = 1$, $i \in \mathcal{I} \subset \mathbb{N}$.

Définition 1.2 :

Une famille de vecteurs $\{\varphi_i\}_{i \in \mathcal{I}}$ d'un espace préhilbertien E est une famille orthogonale (ou système orthogonal) si :

$$< \varphi_i, \varphi_j > = 0, \ i \neq j \ dans \ \mathcal{I} \tag{1.13}$$

Si de plus $\|\varphi_i\| = 1$, $i \in \mathcal{I}$, il s'agit d'une famille orthonormale (ou système orthonormal).

Propositions :

  - Une famille orthogonale ou orthonormale de vecteurs non nuls est libre.
  - L'existence d'une famille orthonormale est assurée en dimension finie grâce au procédé de Gram-Schmidt.

1.2.3.1   Orthogonalisation de Gram-Schmidt

A partir d'un système linéairement indépendant $\{\varphi_i\}_{i \in I}$, on peut construire un système orthogonal linéairement indépendant $\{\psi_j\}$

$$\psi_j = \sum_{i=1}^{n} b_{ij} \varphi_i \tag{1.14}$$

et que pour $k = 1, 2, \dots$:

$$\psi_{k+1} = \varphi_{k+1} - \sum_{i=1}^{k} \frac{< \varphi_{k+1}, \psi_i >}{< \psi_i, \psi_i >} \psi_i, \quad \psi_1 = \varphi_1 \tag{1.15}$$

est orthogonale par rapport à tous les éléments précédents. Ainsi, (1.15) permet, de proche en proche, de générer un système orthogonal à partir d'un système quelconque. On peut également rendre orthonormal le système obtenu.

1.2.3.2   Méthode de projection orthogonale

Considérons un vecteur non nul w d'un espace préhilbertien V. Pour tout vecteur $v \in V$, la projection de v sur w est définie par la relation suivante :

$$proj(v, w) = \frac{< v, w >}{< w, w >} w \tag{1.16}$$

$\frac{<v,w>}{<w,w>}$ est appelé aussi le coefficient de Fourier de v suivant w.

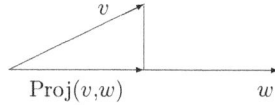

FIG. 1.1 – *Illustration de la projection orthogonale (dimension 2)*

On peut aussi définir une projection sur un sous-espace. Considérons W un sous-espace de V et $v \in V$, on peut dire alors

$$proj(v,W) = c_1 w_1 + c_2 w_2 + \cdots + c_r w_r$$

avec w_1, w_2, ..., w_r des vecteurs formant une famille orthogonale dans V et $c_i = \frac{<v,w_i>}{<w_i,wi>}$ ($i = 1, \ldots, r$) sont les coefficients de Fourier.

Graphiquement, on voit le sous-espace créé par w_i comme W :

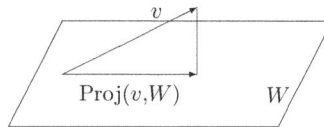

FIG. 1.2 – *Illustration de la projection orthogonale (dimension 3)*

1.3 Les bases de fonctions orthogonales

1.3.1 Introduction

La technique de représentation des systèmes dynamiques sur une base de fonctions orthogonales est un problème commun à de nombreux domaines de recherche et plus particulièrement l'automatique et le traitement de signal. Cette technique repose sur la décomposition du transfert $G(z)$ sous la forme :

$$G(z) = \sum_{i=1}^{\infty} g_i B_i(z) \tag{1.17}$$

où $B_i(z)$ sont les fonctions de la base et g_i sont les coordonnées de $G(z)$ dans cette base. Il est à noter que $G(z)$ peut représenter une fonction de transfert ou une matrice de transfert selon que le système est mono ou multivariable.

L'un des problèmes cruciaux consiste à ramener la somme infinie de la relation (1.17) à une somme finie de N termes de façon que la valeur N soit la plus petite possible.

Soit le transfert monovariable

$$G(z) = \frac{b_1 + b_2 z + \ldots + b_n z^{n-1}}{D_n(z)} \tag{1.18}$$

avec

$$D_n(z) = \prod_{k=1}^{n}(z - \xi_k)$$

On désire décomposer $G(z)$ sous la forme :

$$G(z) = \sum_{i=1}^{N} g_i B_i(z) \tag{1.19}$$

L'objectif est de définir une base $\{B_i(z)\}$ qui permet d'approcher au mieux $G(z)$.

Dans le cas d'un transfert SISO discret, l'idée la plus simple est de considérer la base orthonormale $B_i(z) = z^{-i}$ caractéristique des filtres FIR (réponse impulsionnelle finie). Le problème réside dans la taille de $G(z)$ dont l'ordre peut être très important du fait du grand nombre de filtres B_i éventuellement nécessaires pour obtenir un comportement désiré. Une autre solution est de considérer des filtres ayant la structure suivante :

$$B_i(z) = \frac{1}{z - \xi_i} \tag{1.20}$$

où les pôles $\{\xi_i\}$ sont choisis à partir des connaissances a priori de la dynamique du système. Néanmoins cette base n'est ni complète (qui couvre tout l'espace) ni orthonormale. L'idée d'introduire a priori des informations sur la dynamique de $G(z)$ a conduit au développement des deux bases orthonormales classiques : la base de Laguerre et la base de Kautz. Cependant le nombre de pôles associés à ces deux bases est limité, ce qui limite le nombre de leurs dynamiques et oblige par conséquent à introduire un nombre important de filtres pour compenser cette limitation de dynamique. Il a été montré [Malti, 1999] qu'à partir de ces bases orthonormales (Laguerre et Kautz), on peut construire d'autres bases orthonormales complètes incluant un ensemble de pôles $\left\{ \xi_1 \ \ldots \ \xi_N \right\}$ à savoir la base orthogonale généralisée (BOG). Une problématique importante dans la synthèse de cette base est le choix des pôles. En effet, dans le développement d'un système sur une base orthogonale généralisée, le nombre de paramètres utilisés dépend fortement des pôles choisis. Plus ces pôles sont proches des dynamiques du système dont on veut réaliser une approximation, plus l'ordre de troncature du développement du système sur la base ainsi construite est réduit [Donkelaar, 2000],[Ninness, 1998] et [Kibangou, 2005]. Ceci peut être vérifié par le théorème suivant :

Théorème 1.1.[Ninness, 1998] Soit le système d'ordre p de fonction de transfert G développé sous forme rationnelle suivante :

$$G(z) = \sum_{i=0}^{p-1} \frac{\alpha_i}{z - \zeta_i} \quad , \quad |\zeta_i| < 1 \tag{1.21}$$

Soit G_N son approximation réalisée à l'aide de N fonctions de la base orthogonale généralisée construite avec l'ensemble de pôles $\{\xi_k\}_{k=0}^{N-1}$, alors l'inégalité suivante est satisfaite :

$$|G(e^{j\omega}) - G_N(e^{j\omega})| \leq \sum_{i=0}^{p-1} \left| \frac{\alpha_i}{z - \zeta_i} \right| \prod_{k=0}^{N-1} \left| \frac{\zeta_i - \xi_k}{1 - \bar{\xi}_k \zeta_i} \right| \tag{1.22}$$

■

Ce théorème montre que si les pôles de la base sont égaux aux pôles du système cette borne supérieure est nulle. Ce résultat implique qu'à ordre de troncature égal, si les pôles de la Base orthogonale généralisée (BOG) sont choisis proches des pôles du système, l'erreur de modélisation sera plus faible que dans le cas d'un développement sur une base FIR, une base de Laguerre ou une base de Kautz. En effet, ces dernières sont caractérisées respectivement par un pôle à zéro, un seul pôle réel ou une paire de pôles complexes conjugués. En conséquence, il est nécessaire d'augmenter l'ordre de troncature du développement sur ces trois bases pour réduire l'erreur de modélisation.

Ces différentes bases, FIR, Laguerre, Kautz et la BOG sont toutes orthogonales. Dans la suite, on définit la notion d'orthogonalité selon la catégorie de la fonction de transfert décomposée [Malti, 1999]

Définition 1.1 :

Une séquence de fonctions $\{b_n(k)\}$, $k \in \mathbb{N}^*$, forme un ensemble de fonctions orthogonales dans l'espace de Lebesgue, $\mathbf{l}_2\,[0,\infty[$, si et seulement si le produit scalaire des deux fonctions $b_n(k)$ et $b_m(k)$ satisfait :

$$< b_n(k),\, b_m(k) > = \sum_{k=0}^{\infty} b_n(k)\overline{b_m(k)} = C_{nm}\,\delta_{nm} \quad \forall\, n,\, m \,\in \mathbb{N}^*,\, C_{nm} \in \mathbb{R} \tag{1.23}$$

où δ_{nm} est le symbole de Kronecker.

Définition 1.2 :

Une séquence de fonctions $\{B_n(e^{j\omega})\}$, $\omega \in [-\pi, \pi]$, forme un ensemble de fonctions orthogonales dans l'espace de Hardy $\mathcal{H}_2(\mathcal{T})$ ($\mathcal{T}$ est le cercle unité), si et seulement si le produit scalaire des deux fonctions $B_n(e^{j\omega})$ et $B_m(e^{j\omega})$ satisfait :

$$< B_n(e^{j\omega}), B_m(e^{j\omega}) > \; = \frac{1}{2\pi} \int_{-\pi}^{\pi} B_n(e^{j\omega}) B_m(e^{-j\omega}) d\omega$$

$$= C_{nm} \, \delta_{nm} \quad \forall \, n, \, m \, \in \mathbb{N}^*, \, C_{nm} \in \mathbb{R}$$

(1.24)

$\mathcal{T} = \{z : | \, z \, | = 1\}$

Définition 1.3 :

Une séquence de fonctions $\{B_n(z)\}$, $z \in \mathbb{C}$, forme un ensemble de fonctions orthogonales dans l'espace de Hardy $\mathcal{H}_2(D^c)$ où D^c désigne le complémentaire du cercle unité dans $\mathcal{H}_2$ ($D^c = \{z : | \, z \, | \geq 1\}$), si et seulement si le produit scalaire des deux fonctions $B_n(z)$ et $B_m(z)$ satisfait :

$$< B_n(z), B_m(z) > \; = \frac{1}{2\pi j} \oint_{\mathcal{T}} B_n(z) Z\{\overline{b_m(k)}\}_{z \to z^{-1}} \, z^{-1} dz$$

$$= C_{nm} \delta_{nm} \quad \forall \, n, \, m \, \in \mathbb{N}^*, \, C_{nm} \in \mathbb{R}$$

(1.25)

Remarque 1.1 : Si de plus C_{nm} vaut 1 les fonctions de la base sont dites orthonormales ou orthonormées.

Nous présenterons dans les paragraphes suivants les principales bases orthonormales.

1.3.2   Base de fonctions à réponse impulsionnelle finie

Considérons un système discret, linéaire, invariant dans le temps (LTI) et causal, dont la réponse impulsionnelle $g(k)$ est stable et de fonction de transfert $G(z)$. Ce système est décrit par son équation de sortie $y(k)$ en fonction de l'entrée $u(k)$ et d'une séquence de variables aléatoire $v(k)$, de moyenne nulle. Notons z l'opérateur avance et $G(z)$ la fonction de transfert. Alors la sortie $y(k)$ s'écrit

$$y(k) = G(z)u(k) + v(k) \qquad (1.26)$$

La sortie $y(k)$, respectant ces caractéristiques, peut être exprimée en fonction de l'entrée à tous les instants précédents pondérée par la séquence des coefficients g_n, appelée communément séquence des paramètres de Markov.

$$y(k) = \sum_{n=0}^{\infty} g_n\, u(k-n) + v(k) \qquad (1.27)$$

La réponse impulsionnelle $g(k)$, vient d'être exprimée, de façon exacte sur la base orthonormée de fonctions discrètes delta de Dirac $\{\Delta_{kn}\}_{n=0,\, 1,\, \dots\, \infty}$ qui vaut 1 si $k = n$ et zéro autrement. Les trois représentations suivantes décrivent de façon équivalente, le système original dans la dite base, la première utilisant sa réponse impulsionnelle, la deuxième sa transformée de Fourier et la troisième sa fonction de transfert.

$$g(k) = \sum_{n=0}^{\infty} g_n \Delta_{kn} \qquad (1.28)$$

$$G(e^{j\omega}) = \sum_{n=0}^{\infty} g_n e^{-jn\omega} \qquad (1.29)$$

$$G(z) = \sum_{n=0}^{\infty} g_n z^{-n} \qquad (1.30)$$

Notons que les expressions (1.28), (1.29) et (1.30) représentent des sommes infinies. Dans la pratique, le calcul de tous les coefficients g_n est bien sûr, impossible. Pour pallier cette difficulté, la solution envisagée est d'approcher la somme infinie par une somme finie. Pour des séries (1.28), (1.29) et (1.30) convergentes, la troncature de la réponse impulsionnelle à $n = N$ (avec $N < \infty$) est possible. Ceci conduit à un modèle de base de réponse impulsionnelle finie (*Finite Impulse Response -FIR- model*). La sortie du modèle définie par (1.27) peut être réécrite comme suit :

$$y(k) = \sum_{n=0}^{N} g_n u(k-n) + \underbrace{\sum_{n=N+1}^{\infty} g_n u(k-n)}_{\varepsilon(k)} + v(k) \qquad (1.31)$$

Où l'erreur de modélisation $\varepsilon(k)$, est composée de l'erreur de troncature et du bruit original.

La relation (1.31) peut être représentée par le réseau donné par la figure (1.3); où z^{-1}

est l'opérateur retard et $x_i(k)$ ($i = 1, ..., N$) sont les sorties des divers blocs retard; elles constituent les diverses entrées retardées.

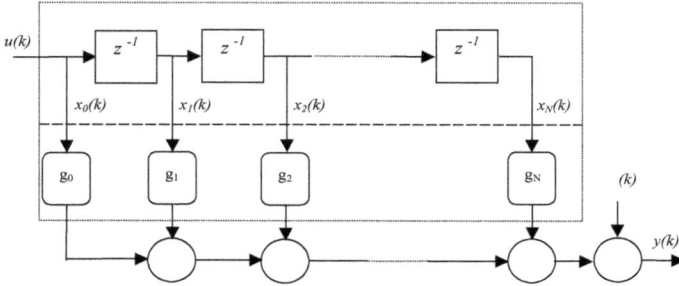

FIG. 1.3 – *Réseau de filtres FIR*

1.3.2.1   Représentation dans l'espace d'état

A partir de l'équation (1.31) et de la figure (1.3), on peut définir les variables d'état comme étant les sorties des filtres FIR. Il est alors facile d'établir l'équation d'état d'un réseau tronqué à N filtres.

$$\begin{cases} X(k+1) = AX(k) + \underline{b}\, u(k) \\ y(k) = \underline{c}\, X(k) + d\, u(k) + \varepsilon(k) \end{cases} \tag{1.32}$$

avec $A = \begin{pmatrix} 0 & 0 & 0 & \cdots & 0 \\ 1 & 0 & 0 & \ldots & 0 \\ 0 & 1 & 0 & \cdots & 0 \\ \vdots & \vdots & \ddots & \vdots & \vdots \\ 0 & 0 & \cdots & 1 & 0 \end{pmatrix}$; $\underline{b} = \begin{pmatrix} 1 \\ 0 \\ 0 \\ \vdots \\ 0 \end{pmatrix}$; $\underline{c} = \begin{bmatrix} g_1 & g_2 & \cdots & g_N \end{bmatrix}$; $d = g_0$;

$$X(k) = \begin{pmatrix} x_1(k) \\ x_2(k) \\ x_3(k) \\ \vdots \\ x_N(k) \end{pmatrix}$$

La matrice A est de dimension $(N \times N)$, le vecteur d'état $X(k)$ et les vecteurs $\underline{b}$ et $\underline{c}$ sont de dimension N.

1.3.2.2   Calcul des coefficients de Fourier liés aux fonctions Δ_{kn}

Le problème posé concerne le calcul des coefficients optimaux, au sens d'un critère quadratique de la décomposition de la fonction de transfert $G(z)$ sur la base d'un réseau tronqué à N filtres FIR. L'erreur de troncature $e_N(k)$, résultant de la réponse impulsionnelle peut s'écrire sous l'une des deux formes suivantes :

$$e_N(k) = \sum_{n=N+1}^{\infty} g_n \Delta_{kn} \tag{1.33}$$

soit d'après (1.28)

$$e_N(k) = g(k) - \sum_{n=0}^{N} g_n \Delta_{kn} \tag{1.34}$$

L'erreur quadratique J_N est définie comme étant la norme quadratique de l'erreur de troncature :

$$J_N = \parallel e_N(k) \parallel^2 = < e_N(k), e_N(k) > \tag{1.35}$$

Si on remplace $e_N(k)$ par l'une des deux formules (1.33) ou (1.34) et si l'on utilise la propriété d'orthogonalité des fonctions Δ_{kn}, on aboutit à l'une des deux relations suivantes :

$$J_N = \sum_{n=N+1}^{\infty} g_n^2 \tag{1.36}$$

$$J_N = \parallel g(k) \parallel^2 - \sum_{n=0}^{N} g_n^2 \tag{1.37}$$

La minimisation du critère quadratique J_N (1.35) par rapport aux coefficients de Fourier g_n conduit à :

$$\frac{\partial J_N}{\partial g_n} = 0 \Leftrightarrow \left\langle \frac{\partial e_N(k)}{\partial g_n}, e_N(k) \right\rangle = 0$$

En remplaçant $e_N(k)$ par son expression (1.33) et (1.34) on obtient :

$$\left\langle \frac{\partial \sum_{i=N+1}^{\infty} g_i \Delta_{ki}}{\partial g_n}, g(k) - \sum_{i=0}^{N} g_i \Delta_{ki} \right\rangle = 0 \tag{1.38}$$

ou encore

$$\left\langle \sum_{i=N+1}^{\infty} \frac{\partial g_i \Delta_{ki}}{\partial g_n}, g(k) - \sum_{i=0}^{N} g_i \Delta_{ki} \right\rangle = 0 \tag{1.39}$$

or $\displaystyle\sum_{i=N+1}^{\infty} \frac{\partial g_i \Delta_{ki}}{\partial g_n} = \Delta_{kn}$

La relation (1.39) devient :

$$\left\langle \Delta_{kn}, \sum_{i=0}^{N} g_i \Delta_{ki} \right\rangle = < \Delta_{kn}, g(k) > \tag{1.40}$$

$$g_n =< \Delta_{kn}, g(k) >= g(n) \tag{1.41}$$

On peut également calculer les coefficients g_n en appliquant le théorème des résidus à la relation suivante :

$$g_n =< G(z), z^{-n} >= \frac{1}{2\pi j} \oint_{\mathcal{T}} G(z) z^n z^{-1} dz \tag{1.42}$$

Remarque 1.2 :

Si l'on remplace la base FIR par une autre base de fonctions orthonormées, les équations (1.36) et (1.37) restent valables. De même, le calcul des coefficients g_n en utilisant (1.41) s'étend aux autres bases de fonctions orthogonales. En effet il suffit de remplacer Δ_{kn} par les nouvelles fonctions de la base considérée.

1.3.2.3   Conclusion

Afin de permettre une troncature à un ordre N peu élevé, il conviendrait de chercher une autre base de décomposition du système, qui garde le principal avantage des filtres FIR, à savoir une représentation linéaire par rapport aux paramètres g_k. Le problème se résume donc à choisir intelligemment la base des fonctions $B(k)$ pour mieux approcher $g(k)$:

$$g(k) = \sum_{n=0}^{N} g_n B_n(k) \tag{1.43}$$

Où $B_n(k)$ sont les fonctions constituant la base.

1.3.3 Base de fonctions de Laguerre

1.3.3.1 Définition des fonctions de Laguerre discrètes

Les polynômes de Laguerre discrets sont un ensemble de polynômes réels, définis causaux sur l'indice temporel k et dépendent d'un paramètre réel ξ, compris dans l'intervalle $]-1,1[$ et qui joue le rôle de facteur d'échelle. Dans [Tanguy, 1994] un polynôme de Laguerre $q_n(k,\xi)$ est noté par :

$$q_n(k,\xi) = \frac{1}{\xi^{2k}} \left\{ \triangle^n C_n^k \xi^{2k} \right\} = \xi^{2n} \sum_{j=0}^{min(n,k)} C_n^j C_k^j \left(\frac{\xi^2 - 1}{\xi^2} \right)^j \tag{1.44}$$

Où $n = 0,\ 1,\ 2,\ ...$ et l'opérateur $\triangle$ est défini par $\triangle f(k) = f(k+1) - f(k-1)$ et C_n^k est le coefficient binomial, donné par $C_n^k = \frac{n!}{k!(n-k)!}$

Les fonctions de Laguerre discrètes sont directement issues des polynômes de Laguerre discrets par la relation :

$$\ell_n(k,\xi) = \sqrt{1-\xi^2} \frac{\xi^k}{(-\xi)^n} q_n(k,\xi) \tag{1.45}$$

En combinant (1.44) et (1.45), on obtient les expressions analytiques des fonctions de Laguerre discrètes dans le domaine temporel :

$$\ell_n(k,\xi) = \sqrt{1-\xi^2}\ \xi^k\ (-\xi)^n \sum_{j=0}^{min(n,k)} C_n^j C_k^j \left(\frac{\xi^2 - 1}{\xi^2} \right)^j \tag{1.46}$$

On vérifie qu'elles satisfont la condition d'orthogonalité, énoncée par la *définition 1.1*, puisque la relation suivante est satisfaite :

$$\forall\ n,\ m \in \mathbb{N}^* \quad < \ell_n(k,\xi), \ell_m(k,\xi) >= C_{nm} \delta_{nm} \tag{1.47}$$

Les trois premières fonctions sont présentées ci-dessous

$$\ell_0(k,\xi) = \sqrt{1-\xi^2}\ \xi^k \tag{1.48}$$

$$\ell_1(k,\xi) = -\sqrt{1-\xi^2}\,\xi^{k+1}\left[1+\left(\frac{\xi^2-1}{\xi^2}\right)k\right] \tag{1.49}$$

$$\ell_2(k,\xi) = \sqrt{1-\xi^2}\,\xi^{k+2}\left[1+\left(\frac{(\xi^2-1)(3\xi^2+1)}{2\xi^4}\right)k+\left(\frac{\xi^2-1}{\xi^2}\right)^2\frac{k^2}{2}\right] \tag{1.50}$$

Afin de déterminer la transformé en Z de la fonction de Laguerre $\ell_n(k,\xi)$, il suffit de calculer les transformés en Z de $\ell_0(k,\xi)$ et $\ell_1(k,\xi)$

$$L_0(z,\xi) = \frac{\sqrt{1-\xi^2}}{z-\xi} \quad et \quad L_1(z,\xi) = \frac{(1-\xi z)\sqrt{1-\xi^2}}{(z-\xi)^2} = \frac{1-\xi z}{z-\xi}L_0(z,\xi) \tag{1.51}$$

et d'une manière générale la transformée en Z de la n ième fonction de Laguerre sera donnée par :

$$L_n(z,\xi) = \left(\frac{1-\xi z}{z-\xi}\right)L_{n-1}(z,\xi) = \frac{\sqrt{1-\xi^2}}{z-\xi}\left(\frac{1-\xi z}{z-\xi}\right)^n \tag{1.52}$$

Complétude de l'espace engendré par les filtres de Laguerre

[Wahlberg, 1991] a montré que le développement d'une fonction $G(z)$ appartenant à $\mathcal{H}_2(D^c)$, sur la base des fonctions de Laguerre est complet si $-1 < \xi < 1$. Ce résultat permet de formuler $G(z)$ de façon exacte, à l'aide d'une série infinie de fonctions de Laguerre :

$$G(z) = \sum_{n=0}^{\infty} g_n L_n(z,\xi) \tag{1.53}$$

$$G(z) = \frac{\sqrt{1-\xi^2}}{z-\xi}\sum_{n=0}^{\infty} g_n \left(\frac{1-\xi z}{z-\xi}\right)^n \tag{1.54}$$

1.3.3.2   Réseau de filtres de Laguerre

Les filtres $L_n(z,\xi)$, $n = 0,\ 1,\ 2,\ \ldots$ définis par (1.51) et (1.52), sont communément appelés *filtres de Laguerre discrets*. Il est facile de constater qu'ils sont stables si le pôle ξ, appelé pôle de Laguerre, est choisi à l'intérieur du cercle unité. S'il est nul ($\xi = 0$), on retrouve les filtres FIR retardé de la figure (1.3). En conséquence, les filtres de Laguerre discrets sont considérés comme une extension des filtres FIR. Ils ont l'avantage de pouvoir être implantés en réseau donné par la figure (1.4).

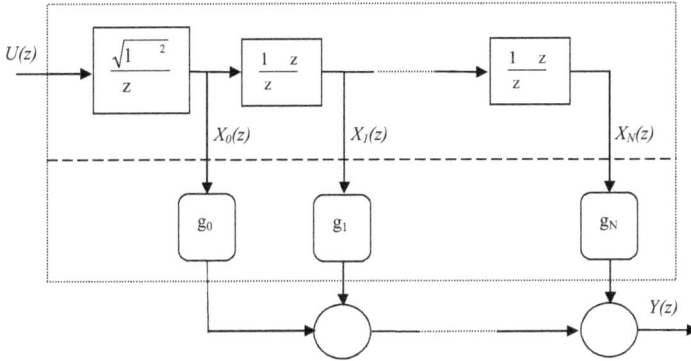

FIG. 1.4 – *Réseau de filtres de Laguerre discrets*

Afin de pouvoir tronquer la somme donnée par l'équation (1.54) à N filtres de Laguerre, il reste à vérifier que, les coefficients g_n de la décomposition d'une fonction de transfert en filtres de Laguerre discrets sont convergents. Ce problème de convergence a été traité par [Malti, 1999].

1.3.3.3 Représentation dans l'espace d'état

A partir du réseau (1.4) et en prenant les sorties des filtres comme variables d'état, on peut écrire

$$
\begin{cases}
x_0(k+1) = \xi x_0(k) + \sqrt{1-\xi^2}\, u(k) \\
x_1(k+1) = (1-\xi^2)x_0(k) + \xi x_1(k) - \xi\sqrt{1-\xi^2}\, u(k) \\
x_2(k+1) = -\xi(1-\xi^2)x_0(k) + (1-\xi^2)\xi x_1(k) + \xi x_2(k) + \xi^2\, u(k) \\
\vdots \\
x_N(k+1) = (-\xi)^{N-1}(1-\xi^2)x_0(k) + \cdots + (1-\xi^2)\xi x_{N-1}(k) + \xi x_N(k) + (-\xi)^N\, u(k)
\end{cases}
\tag{1.55}
$$

A partir de la figure (1.4), il est facile de voir que la sortie du réseau global, y, s'exprime en fonction des différentes sorties des filtres x_i multipliées par les coefficients de Fourier respectifs :

$$
y(k) = g_0\, x_0(k) + g_1\, x_1(k) + \cdots + g_N\, x_N(k)
\tag{1.56}
$$

et l'équation d'état s'écrit :

$$\begin{cases} X(k+1) = AX(k) + \underline{b}\, u(k) \\ y(k) = \underline{c}\, X(k) \end{cases} \tag{1.57}$$

Où le vecteur d'état $X(k)$ est de dimension $(N+1)$, qui contient l'ensemble des sorties du filtre de Laguerre. Les éléments de la matrice carrée A, d'ordre $N+1$, et du vecteur $\underline{b}$, également de dimension $N+1$, dépendent uniquement du pôle de Laguerre. Les éléments de $\underline{c}$ sont les coefficients de Fourier de la décomposition de la fonction de transfert originelle sur la base des fonctions de Laguerre.

$$X(k) = \begin{pmatrix} x_0(k) \\ x_1(k) \\ x_2(k) \\ \vdots \\ x_N(k) \end{pmatrix} \; ; \; \underline{b} = \sqrt{1-\xi^2} \begin{pmatrix} 1 \\ -\xi \\ (-\xi)^2 \\ \vdots \\ (-\xi)^N \end{pmatrix} \; ; \; \underline{c} = \begin{pmatrix} g_0 \\ g_1 \\ g_2 \\ \vdots \\ g_N \end{pmatrix}^T$$

$$A = \begin{pmatrix} \xi & 0 & 0 & \cdots & 0 \\ 1-\xi^2 & \xi & 0 & \cdots & 0 \\ -\xi(1-\xi^2) & 1-\xi^2 & \xi & \cdots & 0 \\ \vdots & \vdots & \vdots & \ddots & \vdots \\ (-\xi)^{N-1}(1-\xi^2) & (-\xi)^{N-2}(1-\xi^2) & (-\xi)^{N-3}(1-\xi^2) & \cdots & \xi \end{pmatrix} \; ;$$

1.3.3.4   Calcul des coefficients de Fourier

Comme pour les filtres FIR, les coefficients g_n, $n = 0$, 1, 2, ..., coefficients optimaux au sens du critère quadratique, sont donnés par le produit scalaire de la réponse impulsionnelle du système, $g(k)$, par l'ensemble des fonctions constituant la base :

$$g_n = \langle g(k),\, \ell_n(k,\xi) \rangle = \sum_{k=0}^{\infty} g(k)\ell_n(k,\xi) \tag{1.58}$$

Si on remplace dans (1.58) $\ell_n(k,\xi)$ par sa définition (1.46), on trouve des expressions temporelles très complexes. C'est pourquoi on privilégie la représentation sur le plan de la transformée en Z issue de la définition (1.30). On détermine donc les coefficients de Laguerre, en calculant l'intégrale suivante par le théorème des résidus [Kreysig, 1993] :

$$g_n = \langle G(z),\, L_n(z,\xi) \rangle = \frac{\sqrt{1-\xi^2}}{2\pi j} \oint_T G(z^{-1}) \frac{(1-\xi z)^n}{(z-\xi)^{n+1}} \, z^{-1} \, dz \tag{1.59}$$

1.3.4   Base de fonctions de Kautz

Kautz [Kautz, 1952], orthogonalise une famille de fonctions exponentielles continues et calcule leur transformée de Laplace dont la structure est plus élégante que les représentations temporelles de ces fonctions. A partir de la définition globale qu'il propose, est née la famille des fonctions de Kautz " à deux paramètres ", qui est couramment utilisée dans la littérature pour la représentation des systèmes oscillants [Wahlberg, 1994]. La génération de la définition des fonctions de Kautz pour des systèmes discrets est due à [Young et Huggins, 1962] et [Broome, 1965]. La représentation générale que nous propose Broome et qui est connue sous le nom de fonctions de Kautz généralisées, est valable pour un nombre quelconque de pôles réels ou complexes conjugués. Un cas particulier de cette représentation est obtenu en se restreignant à l'utilisation d'une seule paire de pôles complexes conjugués. Ces fonctions sont connues dans la littérature sous le nom de fonctions de Kautz " à deux paramètres ".

1.3.4.1   Définition des fonctions de Kautz

On retrouve dans la littérature deux définitions des fonctions de Kautz à deux paramètres. Elles sont toutes les deux issues de la forme générale proposée par Broome et elles sont par conséquent équivalentes.

Première définition : cette définition est couramment utilisée par [Wahlberg, 1994] et [Lindskog, 1996]. Elle vise à exprimer le dénominateur ainsi qu'une partie du numérateur de ces fonctions comme une multiplication de polynômes d'ordre 2, dont les racines, imposées par le choix des paramètres b et c, sont complexes et conjuguées.

$$\Psi_{2n-1}(z,b,c) = \frac{\sqrt{1-c^2}\;(z-b)}{z^2 + b(c-1)z - c} \left[\frac{-cz^2 + b(c-1)z + 1}{z^2 + b(c-1)z - c} \right]^{n-1} \tag{1.60}$$

$$\Psi_{2n}(z,b,c) = \frac{\sqrt{(1-c^2)(1-b^2)}}{z^2 + b(c-1)z - c} \left[\frac{-cz^2 + b(c-1)z + 1}{z^2 + b(c-1)z - c} \right]^{n-1} \tag{1.61}$$

Avec $n = 1, 2, ..., N$; $-1 < b < 1$ et $-1 < c < 1$. Ces deux contraintes assurent la stabilité asymptotique des filtres discrets de Kautz.

[Lindskog, 1996] a remarqué que si les paramètres b et c sont nuls, on retrouve le cas particulier des filtres FIR. En effet, en écrivant que $q = 2n - 1$ et $p = 2n$, la relation (1.60) s'écrit $\Psi_{2n-1}(z,b,c) = \Psi_q(z,b,c) = z^{-q}$; de même pour la relation (1.61) on aura $\Psi_{2n}(z,b,c) = \Psi_p(z,b,c) = z^{-p}$. Cependant, il ne précise pas la valeur des paramètres qui permettraient de reconnaître la représentation des filtres de Laguerre.

Deuxième définition: elle est utilisée par [Broome, 1965]. Elle consiste à expliciter directement les filtres de Kautz, à partir du pôle complexe ξ et de son conjugué $\overline{\xi}$. Elle se présente ainsi:

$$\overline{\overline{\Psi}}_{2n}(z,\xi) = \mid 1 + \xi \mid \sqrt{\frac{1 - \xi\overline{\xi}}{2}} \frac{z^{-1} - 1}{(1 - \xi z^{-1})(1 - \overline{\xi} z^{-1})} \prod_{i=0}^{n-1} \frac{(z^{-1} - \xi)(z^{-1} - \overline{\xi})}{(1 - \xi z^{-1})(1 - \overline{\xi} z^{-1})} \qquad (1.62)$$

$$\overline{\overline{\Psi}}_{2n+1}(z,\xi) = \mid 1 - \xi \mid \sqrt{\frac{1 - \xi\overline{\xi}}{2}} \frac{z^{-1} + 1}{(1 - \xi z^{-1})(1 - \overline{\xi} z^{-1})} \prod_{i=0}^{n-1} \frac{(z^{-1} - \xi)(z^{-1} - \overline{\xi})}{(1 - \xi z^{-1})(1 - \overline{\xi} z^{-1})} \qquad (1.63)$$

avec $\xi = \alpha + j\beta$ et $\mid \xi \mid < 1$

1.3.4.2   Réseau de filtres de Kautz

Les filtres de Kautz discrets permettent de construire une représentation en réseau analogue à la représentation des filtres de Laguerre. Un filtre du second ordre est placé en amont du réseau de Kautz.

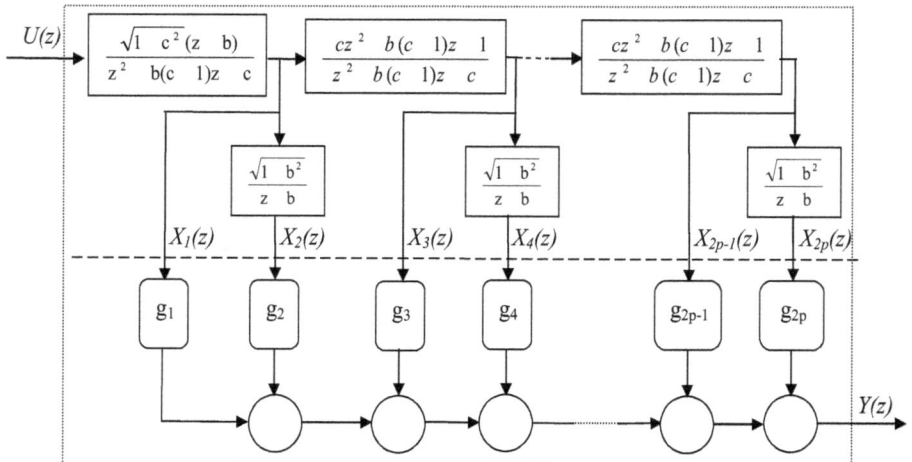

FIG. 1.5 – *Réseau de filtres de Kautz discrets (a)*

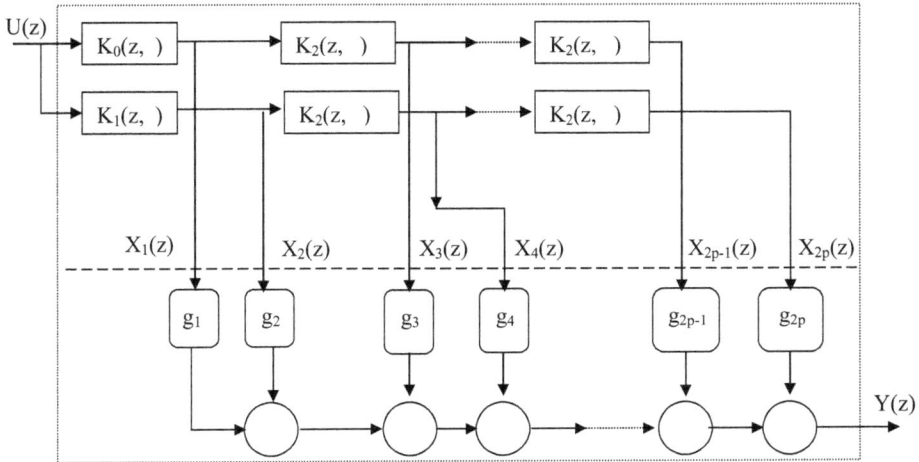

FIG. 1.6 – *Réseau de filtres de Kautz discrets (b)*

avec

$$K_0(z,\xi) = \mid 1 + \xi \mid \sqrt{\frac{1 - \xi\overline{\xi}}{2}} \frac{z^{-1} - 1}{(1 - \xi z^{-1})(1 - \overline{\xi}z^{-1})} \tag{1.64}$$

$$K_1(z,\xi) = \mid 1 - \xi \mid \sqrt{\frac{1 - \xi\overline{\xi}}{2}} \frac{z^{-1} + 1}{(1 - \xi z^{-1})(1 - \overline{\xi}z^{-1})} \tag{1.65}$$

$$K_2(z,\xi) = \frac{(z^{-1} - \xi)(z^{-1} - \overline{\xi})}{(1 - \xi z^{-1})(1 - \overline{\xi}z^{-1})} \tag{1.66}$$

Les figures (1.5) et (1.6) représentent les réseaux de filtres de Kautz discrets qui correspondent respectivement aux équations (1.60), (1.61) et (1.62), (1.63).

A partir de la figure (1.5) ou la figure (1.6), il est facile de voir que la sortie du réseau global, y, s'exprime en fonction des différentes sorties des filtres x_i multipliées par les coefficients de Fourier respectifs :

$$y(k) = g_1\, x_1(k) + \cdots + g_N\, x_N(k) \quad ; \quad N\ est\ pair \tag{1.67}$$

Dans la suite, on s'intéresse au réseau de la figure (1.6), on aura les équations ci-après :

$$
\begin{cases}
x_1(k+2) = s\,x_1(k+1) - p\,x_1(k) + R_0 u(k+1) - R_0 u(k) \\
x_2(k+2) = s\,x_2(k+1) - p\,x_2(k) + R_1 u(k+1) + R_1 u(k) \\
\quad\vdots \\
x_{2q-1}(k+2) = s\,x_{2q-1}(k+1) - p\,x_{2q-1}(k) + (1-p^2)\,x_{2q-3}(k) - s(1-p)x_{2q-3}(k) \\
\qquad +\cdots + p^{\,q-1}R_0 u(k+1) - p^{\,q-1}R_0 u(k) \\
x_{2q}(k+2) = s\,x_{2q}(k+1) - p\,x_{2q}(k) + (1-p^2)x_{2q-2}(k) - s(1-p)x_{2q-2}(k) \\
\qquad +\cdots + p^{\,q-1}R_1 u(k+1) - p^{\,q-1}R_1 u(k)
\end{cases}
$$

$$(1.68)$$

Avec $p = \xi\bar{\xi}$, $s = \xi + \bar{\xi}$, $R_0 = |1+\xi|\sqrt{\frac{1-p}{2}}, R_1 = |1-\xi|\sqrt{\frac{1-p}{2}}$

On aura l'équation suivante :

$$
\begin{cases}
X(k+2) = A_1 X(k+1) + A_2 X(k) + \underline{b}_1\, u(k+2) + \underline{b}_2\, u(k+1) \\
y(k) = \underline{c}\, X(k)
\end{cases}
$$

$$(1.69)$$

Avec X un vecteur de dimension N, A_1 and A_2 sont des matrices carrés de dimension $N \times N$ et $\underline{b}_1$ et $\underline{b}_2$ sont des vecteurs de dimension N. Le vecteur $\underline{c}$ de dimension N contient les coefficients $g_i(i = 1, ..., N)$ qui correspondent aux coefficients de la décomposition de la fonction de transfert sur la base de fonctions de Kautz. Ces vecteurs et matrices sont donnés par :

$$
X(k) = \begin{pmatrix} x_1(k) \\ x_2(k) \\ \vdots \\ x_{2q-1}(k) \\ x_N(k) \end{pmatrix}
\; ; A_1 = \begin{pmatrix}
s & 0 & 0 & \cdots & 0 \\
0 & s & 0 & \cdots & 0 \\
-s(1-p) & 0 & s & \cdots & 0 \\
\vdots & \vdots & \vdots & \ddots & \vdots \\
(-s)p^{\,q}(1-p) & 0 & \cdots & s & 0 \\
0 & (-s)p^{\,q}(1-p) & 0 & \cdots & s
\end{pmatrix}
$$

$$
A_2 = \begin{pmatrix}
-p & 0 & 0 & \cdots & 0 \\
0 & -p & 0 & \cdots & 0 \\
(1-p^2) & 0 & -p & \cdots & 0 \\
\vdots & \vdots & \vdots & \ddots & \vdots \\
0 & p^{\,q}(1-p^2) & \cdots & -p & 0 \\
p^{\,q}(1-p^2) & 0 & \cdots & 0 & -p
\end{pmatrix}
\; ; \underline{c} = \begin{pmatrix} g_1 \\ g_2 \\ g_3 \\ \vdots \\ g_N \end{pmatrix}^T
$$

$$
\underline{b}_1 = \begin{pmatrix} -R_0 \\ R_1 \\ -p\,R_0 \\ \vdots \\ -p^{\,q-1}R_0 \\ p^{\,q-1}R_1 \end{pmatrix} \ ; \ \underline{b}_2 = \begin{pmatrix} R_0 \\ R_1 \\ p\,R_0 \\ \vdots \\ p^{\,q-1}R_0 \\ p^{\,q-1}R_1 \end{pmatrix} \ ;
$$

Il est clair que les éléments des vecteurs $\underline{b}_1$ et $\underline{b}_2$ et les matrices A_1 et A_2 dépendent uniquement du pôle de Kautz ξ. L'ordre de troncature N dépend du choix de ce pôle. Cet ordre défini la dimension du vecteur $\underline{c}$ qui contient les coefficients de la décomposition de la fonction de Kautz.

1.3.4.3   Calcul des coefficients de Fourier liés aux fonctions de Kautz

Le calcul des coefficients optimaux au sens du critère quadratique ne pose pas de problème particulier, car l'orthogonalité des filtres de Kautz est assurée. Ils s'évaluent, comme pour les autres bases orthogonales, en effectuant le produit scalaire de la fonction de transfert à décomposer par les fonctions de Kautz :

$$
g_n = \langle G(z),\Psi_n(z,\xi)\rangle = \frac{1}{2\pi j}\oint_{\mathcal{T}} G(z)\overline{\Psi_n(z,\xi)}z^{-1}\,dz \tag{1.70}
$$

$$
g_{2k-1} = \frac{\mathcal{K}_1}{2\pi j}\oint_{\mathcal{T}} G(z)\frac{z-1}{(1-\xi z)(1-\overline{\xi}z)}\left[\frac{(z-\xi)(z-\overline{\xi})}{(1-\xi z)(1-\overline{\xi}z)}\right]^{k-1}\frac{dz}{z} \tag{1.71}
$$

$$
g_{2k} = \frac{\mathcal{K}_2}{2\pi j}\oint_{\mathcal{T}} G(z)\frac{1+z}{(1-\xi z)(1-\overline{\xi}z)}\left[\frac{(z-\xi)(z-\overline{\xi})}{(1-\xi z)(1-\overline{\xi}z)}\right]^{k-1}\frac{dz}{z} \tag{1.72}
$$

avec

$$
\mathcal{K}_1 = |\,1+\xi\,|\sqrt{\frac{1-\xi\overline{\xi}}{2}}, \ \ \mathcal{K}_2 = |\,1-\xi\,|\sqrt{\frac{1-\xi\overline{\xi}}{2}} \ \ et \ \ k = 1,2,3,\ldots
$$

1.3.4.4   Conclusion

Les filtres de Kautz admettent des pôles complexes conjugués, ils interviennent particulièrement dans la représentation des systèmes possédant des dynamiques oscillantes et rapprochées. Par contre, ils ne sont pas adaptés aux systèmes ayant des dynamiques éloignées. Il est donc nécessaire d'étudier une nouvelle base de fonctions et en l'occurrence, la base orthogonale généralisée.

1.3.5 Base orthogonale généralisée

Bien que la complétude de l'espace engendré par les fonctions de Laguerre ou de Kautz, permette de représenter tout système LTI stable par une série infinie de fonction et que la convergence de chaque série permette sa troncature à un ordre fini, l'ordre de troncature doit être élevé pour approcher au mieux le comportement de systèmes réels possédant des dynamiques éloignées.

L'idée de Lindskog [Lindskog, 1996] est d'utiliser plusieurs réseaux de filtres en parallèle, afin que chacun puisse approcher au mieux le comportement résultant d'une dynamique, et qu'il permette ainsi la troncature de la série associée à chaque réseau à un ordre "peu élevé". Ainsi s'il s'agit de modéliser le comportement dû à une dynamique amortie ou oscillante, un réseau de filtres de Laguerre ou de Kautz peut respectivement être utilisé. La connaissance a priori du système serait alors très appréciée pour fixer les pôles de chaque réseau. Lindskog propose alors d'écrire toute fonction de transfert appartenant à $\mathcal{H}_2(D^c)$ sous la forme :

$$G(z) = \sum_{j=1}^{n^L} \sum_{k=0}^{N_{g,j}^L} g_{j,k}^L L_k(z,\xi_j) + \sum_{j=1}^{n^\Psi} \sum_{k=0}^{N_{g,j}^\Psi} g_{j,k}^\Psi \Psi_k(z,p_j) \qquad (1.73)$$

Où $L_k(z,\xi_j)$ est la transformée en Z de la k ième fonction de Laguerre associée au pôle ξ_j, $\Psi_k(z,p_j)$ est la transformée en Z de la k ième fonction de Kautz associée au pôle p_j, n^L est le nombre des réseaux de Laguerre, n^Ψ est le nombre des réseaux de Kautz , $N_{g,j}^L$ le nombre de filtres dans les réseaux de Laguerre, $N_{g,j}^\Psi$ le nombre de filtres dans les réseaux de Kautz, $g_{j,k}^L$ le coefficient de Fourier du filtre de Laguerre et $g_{j,k}^\Psi$ le coefficient de Fourier du filtre de Kautz.

Cette configuration garde l'avantage principal des filtres de Laguerre et de Kautz, à savoir une représentation linéaire par rapport aux coefficients, une fois que tous les pôles sont fixés. Cependant son inconvénient majeur est que l'orthogonalité entre les fonctions de deux réseaux différents n'est pas conservée. On peut alors s'attendre à des problèmes numériques, lors du calcul des différents coefficients $g_{j,k}$, quand les pôles de deux réseaux différents sont proches l'un de l'autre. De plus, l'écriture (1.73), introduit une multitude de nouveaux paramètres et en l'occurrence le nombre de réseaux n (n^L ou n^Ψ), les pôles, l'ordre de troncature $N_{g,j}$ de chaque réseau ainsi qu'un total de $(n^L N_{g,j}^L + n^\Psi N_{g,j}^\Psi)$ coefficients $g_{j,k}$.

Toutefois il est sûr qu'il faut recalculer tous les coefficients à chaque modification du nombre de filtres, puisque la propriété d'orthogonalité des fonctions constituant tous les réseaux n'est pas préservée.

Pour conserver l'orthogonalité tout en introduisant plusieurs dynamiques au modèle, [Ninness et Gustafsson, 1997], proposent d'utiliser la base orthogonale généralisée (BOG) qu'ils synthétisent à partir d'un choix arbitraires de pôles.
Cette base est également connue sous le nom de la base des filtres de Kautz généralisée [Den Brinker, 1996]. A son origine, on trouve les travaux de Broome [Broome, 1965]. [Heuberger et al,1995] et [Ninness et Gustafsson, 1997] ont cependant le mérite d'avoir attiré l'attention de la communauté automatique sur son utilité pour la modélisation de systèmes ayant plusieurs dynamiques. Ils l'ont récemment synthétisée de deux manières différentes :

* L'une utilise les réalisations équilibrées de fonctions passe tout; elle est due à [Heuberger et al,1995].
* L'autre fixe les pôles des fonctions de transfert [Ninness et Gustafsson, 1997].

Nous présenterons la seconde méthode

1.3.5.1   Synthèse des fonctions de la base orthogonale généralisée

Si l'on nomme $B_n(z)$ les fonctions de la nouvelle base, [Ninness et Gustafsson, 1997] montrent que les fonctions issues de la structure :

$$B_n(z) = \frac{\sqrt{1 - \mid \xi_n \mid^2}}{z - \xi_n} \prod_{k=0}^{n-1} \left(\frac{1 - \overline{\xi}_k z}{z - \xi_k} \right) \tag{1.74}$$

(ξ_k et son conjugué $\overline{\xi}_k$ sont les pôles du k ième filtre du réseau de la BOG.)
conservent l'orthonormalité d'une part et la complétude de l'espace qu'elles engendrent d'autre part. Elles permettent donc d'écrire toute fonction de transfert appartenant à $\mathcal{H}_2(D^c)$ sous la forme :

$$G(z) = \sum_{n=0}^{\infty} g_n B_n(z) \tag{1.75}$$

La procédure d'orthogonalisation, qu'ils utilisent et qui s'apparente à la méthode de Gram-Schmidt est détaillée ci-après.

En supposant que le pôle dominant de la fonction de transfert originelle $G(z)$ est à proximité de ξ_0 avec $\mid \xi_0 \mid < 1$, on fixe alors, le pôle de B_0 à ξ_0 et on introduit la constante de normalisation A :

$$B_0(z) = A \frac{1}{z - \xi_0} \tag{1.76}$$

Le calcul de A se fait ainsi :

$$\parallel B_0 \parallel^2 = 1 \Leftrightarrow \frac{1}{2\pi j} \oint_T B_0(z)\overline{B_0(z)} \, \frac{dz}{z} = 1 \tag{1.77}$$

$$\Leftrightarrow A = \sqrt{1 - \mid \xi_0 \mid^2} \tag{1.78}$$

A présent en supposant que la fonction de transfert $G(z)$ possède un second pôle qui se trouve à proximité de ξ_1, alors la deuxième fonction de la base sera de la forme :

$$B_1(z) = A' \frac{(1 - \overline{\xi}_0 z)}{(z - \xi_0)(z - \xi_1)} \tag{1.79}$$

$$Avec \qquad A' = \sqrt{1 - \mid \xi_1 \mid^2} \tag{1.80}$$

Afin de mieux appréhender le choix de $B_1(z)$ (1.79), il suffit de noter que $B_0(z)$ possède un pôle en ξ_0 dans le disque unité D ($D = \{z : |z| < 1\}$). Pour assurer l'orthogonalité de B_0 et B_1, il est nécessaire d'inclure un zéro à $\overline{B_1(z)}$ au point ξ_0 afin de compenser ce pôle. Ce qui garantit que le produit $B_0(z)\overline{B_1(z)}$ est analytique dans D. En utilisant le théorème de Cauchy pour l'intégrale on aura

$$< B_0, B_1 > = \frac{\sqrt{1 - \mid \xi_0 \mid^2}}{2\pi j} \oint_T \frac{A'(z - \xi_0)}{(z - \xi_0)(1 - \overline{\xi}_0 z)(1 - \overline{\xi}_1 z)} \, dz = 0 \tag{1.81}$$

Notons que lors du choix de B_1, le pôle ξ_1 peut être pris n'importe où dans le disque unité. En continuant ce raisonnement avec des pôles fixés arbitrairement, les auteurs arrivent à la formulation générale définie par (1.74).

D'une manière générale, en appliquant la définition usuelle du produit scalaire, on peut vérifier l'orthonormalité des bases. En effet pour $n > k$ on a

$$< B_k, B_n > = \frac{\sqrt{(1- \mid \xi_k \mid^2)(1- \mid \xi_n \mid^2)}}{2\pi j} \oint_T \frac{1}{(z - \xi_k)(1 - \bar{\xi}_n z)} \prod_{t=k}^{n-1} (\frac{z - \xi_t}{1 - \bar{\xi}_t z}) dz \qquad (1.82)$$

En utilisant le théorème de cauchy pour l'intégrale on aura donc $< B_k, B_n > = 0$ pour tout $k \neq n$, cependant pour $k = n$ et en utilisant le théorème des résidus on aura

$$< B_n, B_n > = \frac{(1- \mid \xi_n \mid^2)}{2\pi j} \oint_T \frac{1}{(z - \xi_n)(1 - \bar{\xi}_n z)} dz = 1 \qquad (1.83)$$

Si l'on se restreint au choix d'un pôle réel et unique $\xi_n = \xi \in]-1,1[$, quelque soit n, on retrouve la base particulière des fonctions de Laguerre. De même si ce pôle ξ est nul, la base des filtres FIR est générée.

La procédure d'orthonormalisation est applicable même si l'on souhaite fixer des pôles complexes. Puisque la réponse temporelle de toute fonction de transfert doit appartenir à l'ensemble des nombres réels, [Ninness et Gustafsson, 1997] proposent de modifier légèrement la procédure de sélection des pôles de façon à choisir, par paire, des pôles complexes conjugués. De plus ils suggèrent de substituer la paire de fonctions (B_n, B_{n+1}), générées à partir de l'équation (1.74), par la paire (B'_n, B''_n) issue d'une combinaison linéaire des fonctions (B_n, B_{n+1}).

$$\begin{pmatrix} B'_n \\ B''_n \end{pmatrix} = \begin{pmatrix} c_0 & c_1 \\ c'_0 & c'_1 \end{pmatrix} \begin{pmatrix} B_n \\ B_{n+1} \end{pmatrix} \qquad c_0, c_1, c'_0, c'_1 \in \mathbb{C} \qquad (1.84)$$

Ceci garantit leur orthogonalité par rapport aux autres fonctions de la base. Il est intéressant de souligner que les fonctions B'_n et B''_n engendrent un plan dans l'espace fonctionnel de dimension infinie. En tenant compte de la relation (1.84) et de l'orthonormalité des fonctions $B_i(z)$, ce plan est orthogonal au sous espace engendré par B_0, B_1, ..., B_{n-1}. Les conditions que posent Ninness et Gustafsson, pour le choix des coefficients complexes stipulent que les deux fonctions B'_n et B''_n soient orthonormées. Pour cela, il faut vérifier les trois conditions suivantes:

- La normalité de B'_n qui impose $\mid c_0 \mid^2 + \mid c_1 \mid^2 = 1$
- La normalité de B''_n qui impose $\mid c'_0 \mid^2 + \mid c'_1 \mid^2 = 1$

- L'orthogonalité de B'_n et B''_n qui nécessite la résolution de $c_0 \bar{c}'_0 + c_1 \bar{c}'_1 = 0$

Puisque sur tout plan vectoriel, il existe une infinité de paire de vecteurs orthonormés, il existe une infinité de solutions B'_n et B''_n.

Pour déterminer l'ensemble des solutions, les auteurs proposent le changement de paramètres suivant ($\xi_{n+1} = \bar{\xi}_n$):

$$c_0 = \frac{\beta + \bar{\xi}_n \mu}{1 - \bar{\xi}_n^2}, \; c_1 = \frac{\bar{\xi}_n \beta + \mu}{1 - \bar{\xi}_n^2}, \; c'_0 = \frac{\beta' + \bar{\xi}_n \mu'}{1 - \bar{\xi}_n^2} \; et \; c'_1 = \frac{\bar{\xi}_n \beta' + \mu'}{1 - \bar{\xi}_n^2} \tag{1.85}$$

Les fonctions B'_n et B''_n s'expriment alors ainsi :

$$B'_n(z) = \sqrt{\frac{1 - \mid \xi_n \mid^2}{1 - \mid \xi_{n-1} \mid^2}} B_{n-1}(z) \left\{ \frac{(1 - \bar{\xi}_{n-1} z)(\beta z + \mu)}{z^2 - (\xi_n + \bar{\xi}_n) z + \mid \xi_n \mid^2} \right\} \tag{1.86}$$

$$B''_n(z) = \sqrt{\frac{1 - \mid \xi_n \mid^2}{1 - \mid \xi_{n-1} \mid^2}} B_{n-1}(z) \left\{ \frac{(1 - \bar{\xi}_{n-1} z)(\beta' z + \mu')}{z^2 - (\xi_n + \bar{\xi}_n) z + \mid \xi_n \mid^2} \right\} \tag{1.87}$$

ou encore [Ninness et Gustafsson, 1997] :

$$B'_n(z) = \frac{\sqrt{1 - \mid \xi_n \mid^2}(\beta z + \mu)}{z^2 - (\xi_n + \bar{\xi}_n) z + \mid \xi \mid^2} \prod_{k=0}^{n-1} \left(\frac{1 - \bar{\xi}_k z}{z - \xi_k} \right) \tag{1.88}$$

$$B''_n(z) = \frac{\sqrt{1 - \mid \xi_n \mid^2}(\beta' z + \mu')}{z^2 - (\xi_n + \bar{\xi}_n) z + \mid \xi \mid^2} \prod_{k=0}^{n-1} \left(\frac{1 - \bar{\xi}_k z}{z - \xi_k} \right) \tag{1.89}$$

Tous les pôles réels des fonctions issues de la BOG (1.74) sont fixés sans aucune contrainte. Par contre si l'on souhaite introduire un pôle complexe ξ_n dans la fonction B_n, alors il faut aussi introduire son conjugué dans la fonction d'ordre supérieur B_{n+1}, (i.e. $\xi_{n+1} = \bar{\xi}_n$). Il est parfois nécessaire pour synthétiser les équations d'état de revenir à la paire de fonctions (B_n, B_{n+1}) à partir de (B'_n, B''_n). Pour cela il suffit d'inverser la relation linéaire (1.84) liant les deux paires de fonctions.

Pour un choix particulier des paramètres β, μ, β' et μ' donné par la relation (1.90), on peut avoir la définition des fonctions de Kautz

$$(\beta,\mu) = \frac{\mid 1 + \xi_n \mid}{\sqrt{2}}(1, -1) \quad (\beta',\mu') = \frac{\mid 1 + \xi_n \mid}{\sqrt{2}}(1,1) \tag{1.90}$$

Les fonctions résultantes B_n' et B_n'' peuvent être comparées aux fonctions de Kautz

$$B_n'(z) = K_n' \frac{z - 1}{(z - \xi_n)(z - \overline{\xi}_n)} \prod_{k=0}^{n-1} \frac{(1 - \overline{\xi}_k z)}{(z - \xi_k)} \tag{1.91}$$

$$B_n''(z) = K_n'' \frac{z + 1}{(z - \xi_n)(z - \overline{\xi}_n)} \prod_{k=0}^{n-1} \frac{(1 - \overline{\xi}_k z)}{(z - \xi_k)} \tag{1.92}$$

avec

$$K_n' = \mid 1 + \xi_n \mid \sqrt{\frac{1 - \xi_n \overline{\xi}_n}{2}} \quad et \quad K_n'' = \mid 1 - \xi_n \mid \sqrt{\frac{1 - \xi_n \overline{\xi}_n}{2}} \tag{1.93}$$

1.3.5.2   Réseaux de filtres de la base orthogonale généralisée

On s'intéresse uniquement à la base orthogonale généralisée à pôles réels. A partir de l'équation (1.74), on peut formuler la relation de récurrence suivante entre les fonctions de la base généralisée :

$$B_0(z) = \frac{\sqrt{1 - \xi_0^2}}{z - \xi_0} \tag{1.94}$$

$$B_n(z) = \sqrt{\frac{1 - \xi_n^2}{1 - \xi_{n-1}^2}} \left(\frac{1 - \xi_{n-1} z}{z - \xi_n} \right) B_{n-1}(z) \tag{1.95}$$

le schéma bloc correspondant est le suivant :

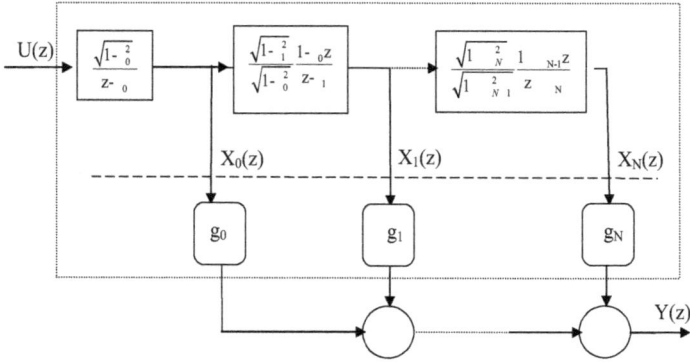

FIG. 1.7 – *Réseau de filtres de la BOG (a)*

On retrouve dans [Ninness et Gustafsson, 1997], le schéma bloc de la figure (1.8), qui montre que les filtres de la BOG sont constitués de plusieurs blocs passe-bas ayant différentes fréquences de coupure, reliés entre eux par des blocs passe-tout.

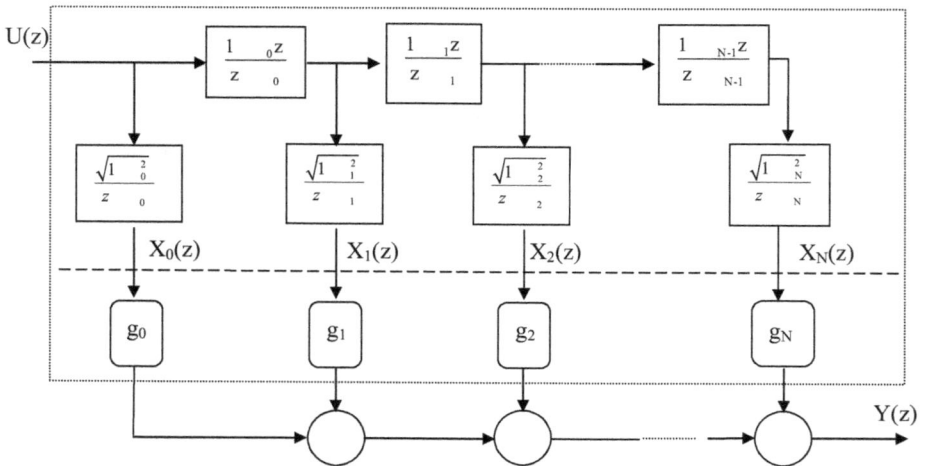

FIG. 1.8 – *Réseau de filtres de la BOG (b)*

[Gomez, 1998b] a établi une troisième représentation du réseau de filtres de la BOG. Ce réseau sera exploité pour le cas des systèmes multivariables afin de générer la représentation d'état correspondante.

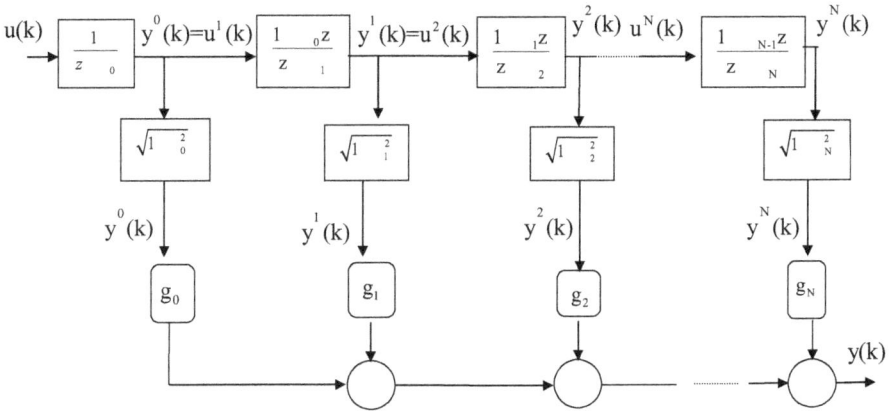

FIG. 1.9 – *Réseau de filtres de la BOG (c)*

où $u^\ell(k)$ et $\widetilde{y}^\ell(k)$ sont respectivement l'entrée et la sortie du bloc $\ell + 1$, $\ell = 0, \ldots, N$.

$\widetilde{y}^\ell(k)$, $\ell = 0, \ldots, N$ est la sortie du filtre $\ell + 1$

1.3.5.3 Calcul des coefficients de Fourier liés aux fonctions de la BOG [Malti, 1999]

Le calcul des coefficients optimaux se fait comme pour les autres bases orthogonales. Ainsi tout coefficient est obtenu en calculant le produit scalaire de la fonction (de transfert) originelle par la fonction de la base BOG correspondante.

$$g_n = \langle G(z), B_n(z) \rangle = \frac{1}{2\pi j} \oint_{\mathcal{T}} G(z) \overline{B_n(z)} z^{-1} \, dz \qquad (1.96)$$

On rappelle que lorsque ξ_n est complexe, la paire de fonctions (B_n, B_{n+1}) peut être remplacée par B'_n et B''_n données respectivement par (1.88) et (1.89) . C'est pourquoi on distingue les deux cas suivants selon que ξ_n est réel ou complexe

* Quand ξ_n est réel

$$g_n = \frac{\sqrt{1-\mid \xi_n \mid^2}}{2\pi j} \oint_T G(z) \frac{1}{1-\xi_n z} \prod_{k=0}^{n-1} \frac{z-\xi_k}{1-\xi_k z} \, dz \qquad (1.97)$$

* Quand ξ_n est complexe, alors $\xi_{n+1} = \overline{\xi}_n$ et les coefficients se calculent par :

$$g'_n = \frac{K'_n}{2\pi j} \oint_T G(z) \frac{(z-1)}{1-(\xi_n+\overline{\xi}_n)z+\xi_n\overline{\xi}_n z^2} \prod_{k=0}^{n-1} \frac{z-\overline{\xi}_k}{1-\xi_k z} \, dz \qquad (1.98)$$

$$g''_n = \frac{K''_n}{2\pi j} \oint_T G(z^{-1}) \frac{(1+z)}{1-(\xi_n+\overline{\xi}_n)z+\xi_n\overline{\xi}_n z^2} \prod_{k=0}^{n-1} \frac{z-\overline{\xi}_k}{1-\xi_k z} \, dz \qquad (1.99)$$

où K'_n et K''_n sont définis par (1.93).

1.3.5.4   Représentation dans l'espace d'état

Représentation 1 :

Pour compléter cette représentation, on propose de générer les équations d'état des filtres issus de la BOG schématisés sur le réseau de la figure (1.7)

$$\begin{cases} x_0(k) = \frac{\sqrt{1-\xi_0^2}}{z-\xi_0} \, u(k) \\ x_1(k) = T_1 \frac{1-\xi_0 z}{z-\xi_1} \, x_0(k) \\ x_2(k) = T_2 \frac{1-\xi_1 z}{z-\xi_2} \, x_1(k) \\ \vdots \\ x_N(k) = T_N \frac{1-\xi_{N-1} z}{z-\xi_N} \, x_{N-1}(k) \end{cases} \qquad (1.100)$$

Les conditions initiales sont nulles.

$$\begin{cases} x_0(k+1) = \xi_0 x_0(k) + \sqrt{1-\xi_0^2} \, u(k) \\ x_1(k+1) = \xi_1 x_1(k) + T_1(1-\xi_0^2)x_0(k) - T_1\xi_0\sqrt{1-\xi_0^2} \, u(k) \\ x_2(k+1) = \xi_2 x_2(k) + T_2(1-\xi_1^2)x_1(k) - T_2 T_1 \xi_1(1-\xi_0^2)x_0(k) + \\ \qquad\qquad\quad + T_2 T_1 \xi_1 \xi_0 \sqrt{1-\xi_0^2} \, u(k) \\ \vdots \\ x_N(k+1) = \xi_N x_N(k) + \sum_{j=0}^{N-2} \left[(-1)^{N-j-1}(1-\xi_j^2) \prod_{k=j}^{N-1} T_{k+1} \prod_{k=j}^{N-2} \xi_{k+1} \right] x_j(k) \\ \qquad\qquad\quad + (1-\xi_{N-1}^2)T_N x_{N-1}(k) + (-1)^N \sqrt{1-\xi_0^2} \left(\prod_{k=1}^{N} T_k \xi_{k-1} \right) u(k) \end{cases} \qquad (1.101)$$

Où pour $k = 1, \ldots, N$; on a $T_k = \dfrac{\sqrt{1 - \xi_k^2}}{\sqrt{1 - \xi_{k-1}^2}}$

La sortie globale s'écrit :

$$y(k) = g_0\, x_0(k) + g_1\, x_1(k) + \cdots + g_N\, x_N(k) \tag{1.102}$$

On obtient la représentation d'état du réseau de la BOG, que l'on écrit sous la forme matricielle suivante :

$$\begin{cases} X(k+1) = AX(k) + \underline{b}\, u(k) \\ y(k) = \underline{c}\, X(k) \end{cases} \tag{1.103}$$

Avec

$$X(k) = \begin{bmatrix} x_0(k) \\ x_1(k) \\ x_2(k) \\ \vdots \\ x_N(k) \end{bmatrix}, \; A = \begin{bmatrix} a_{11} & 0 & 0 & \cdots & 0 \\ a_{21} & a_{22} & 0 & \cdots & 0 \\ a_{31} & a_{32} & a_{33} & \cdots & 0 \\ \vdots & \vdots & \vdots & \ddots & \vdots \\ a_{N+1\,1} & a_{N+1\,2} & a_{N+1\,3} & \cdots & a_{N+1\,N+1} \end{bmatrix}, \; B = \begin{bmatrix} b_1 \\ b_2 \\ b_3 \\ \vdots \\ b_{N+1} \end{bmatrix} \tag{1.104}$$

et pour $\ell = 1, \ldots, N+1$ et $q = 1, \ldots, N+1$ on a

$a_{\ell q} = \xi_{\ell-1}$ pour $\ell = q$

$a_{\ell q} = (1 - \xi_{q-1}^2)T_q$, pour $\ell = q+1$

$a_{\ell q} = (-1)^{\ell-q+1}(1 - \xi_{q-1}^2)\displaystyle\prod_{k=q}^{\ell-1} T_k \prod_{k=q+1}^{\ell-1} \xi_{k-1}$, pour $\ell > q+1$

$b_1 = \sqrt{1 - \xi_0^2}$

$b_\ell = (-1)^{\ell+1}\sqrt{1 - \xi_0^2}\left(\displaystyle\prod_{k=1}^{\ell-1} T_k \xi_{k-1}\right)$, pour $\ell > 1$

Représentation 2 [Gomez, 1998b] :

A partir du réseau de la figure (1.9), On veut établir la représentation d'état du système sous la forme :

$$\begin{cases} X(k+1) = AX(k) + \underline{b}\, u(k) \\ y(k) = \underline{c}\, X(k) + d\, u(k) \end{cases} \tag{1.105}$$

En se basant sur le réseau de la figure (1.9), il est clair que pour $\ell = 1, \ldots, N$ on a le bloc suivant:

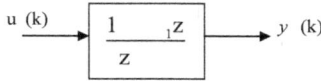

FIG. 1.10 – *les premiers éléments de la figure (1.9)*

Le bloc de la figure (1.10) nous permet de tracer le diagramme de la figure (1.11)

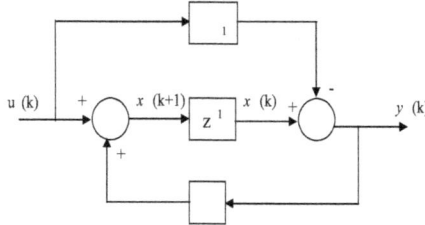

FIG. 1.11 – *diagramme correspondant au bloc de la figure (1.10)*

A partir du diagramme (1.11), on peut écrire la représentation d'état suivante :

$$x^{\ell}(k+1) = \xi_{\ell}\, x^{\ell}(k) + (1 - \xi_{\ell}\xi_{\ell-1})u^{\ell}(k) \tag{1.106}$$

$$\widetilde{y}^{\ell}(k) = x^{\ell}(k) - \xi_{\ell-1}u^{\ell}(k) \tag{1.107}$$

Les matrices associées à la représentation d'état sont données par

$$(a^{\ell}, b^{\ell}, c^{\ell}, d^{\ell},) = (\xi_{\ell}, (1 - \xi_{\ell}\xi_{\ell-1}), 1, -\xi_{\ell-1}) \tag{1.108}$$

On considère trois blocs en cascade des éléments donnés par la figure (1.10). Le bloc résultant sera donné par la figure (1.12)

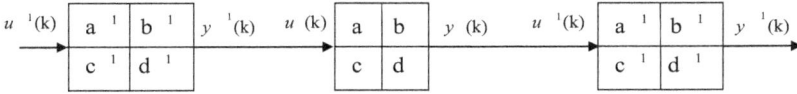

FIG. 1.12 – *connexion en cascade de trois blocs de la figure (1.10)*

Définissons

$$x(k) = \left[x^{\ell-1}(k),\, x^{\ell}(k),\, x^{\ell+1}(k)\right]^{T} \tag{1.109}$$

$$\widetilde{y}(k) = \left[\widetilde{y}^{\ell-1}(k),\, \widetilde{y}^{\ell}(k),\, \widetilde{y}^{\ell+1}(k)\right]^{T} \tag{1.110}$$

La représentation d'état correspondante s'écrit

$$x(k+1) = \begin{bmatrix} a^{\ell-1} & 0 & 0 \\ b^{\ell}c^{\ell-1} & a^{\ell} & 0 \\ b^{\ell+1}d^{\ell}c^{\ell-1} & b^{\ell+1}c^{\ell} & a^{\ell+1} \end{bmatrix} x(k) + \begin{bmatrix} b^{\ell-1} \\ b^{\ell}d^{\ell-1} \\ b^{\ell+1}d^{\ell}d^{\ell-1} \end{bmatrix} u^{\ell-1}(k)$$

$$\widetilde{y}(k) = \begin{bmatrix} c^{\ell-1} & 0 & 0 \\ d^{\ell}c^{\ell-1} & c^{\ell} & 0 \\ d^{\ell+1}d^{\ell}c^{\ell-1} & d^{\ell+1}c^{\ell} & c^{\ell+1} \end{bmatrix} x(k) + \begin{bmatrix} d^{\ell-1} \\ d^{\ell}d^{\ell-1} \\ d^{\ell+1}d^{\ell}d^{\ell-1} \end{bmatrix} u^{\ell-1}(k)$$

On peut déduire la représentation des $(N+1)$ filtres de la BOG sous la forme suivante :

$$\begin{cases} X(k+1) = AX(k) + \underline{b}\, u(k) \\ \widetilde{y}(k) = C\, X(k) + \underline{d}\, u(k) \end{cases} \tag{1.111}$$

avec

$$X(k) = \left[x^{0}(k),\, x^{1}(k),\, \ldots,\, x^{N}(k)\right]^{T},$$

$$\widetilde{y}(k) = \left[\widetilde{y}^{0}(k),\, \widetilde{y}^{1}(k),\, \ldots,\, \widetilde{y}^{N}(k)\right]^{T},$$

et les matrices A, $\underline{b}$, C et $\underline{d}$ sont données par

$$A = \begin{pmatrix} a^{0} & 0 & \cdots & 0 \\ b^{1}c^{0} & a^{1} & \cdots & 0 \\ b^{2}d^{1}c^{0} & b^{2}c^{1} & \cdots & 0 \\ b^{3}d^{2}d^{1}c^{0} & b^{3}d^{2}c^{1} & \cdots & 0 \\ \vdots & \vdots & \ddots & \vdots \\ b^{N}d^{N-1}\ldots d^{1}c^{0} & b^{N}d^{N-1}\ldots d^{2}c^{1} & \cdots & a^{N} \end{pmatrix} \tag{1.112}$$

$$\underline{b} = \begin{bmatrix} b^0 \\ b^1 d^0 \\ b^2 d^1 d^0 \\ \vdots \\ b^N d^{N-1} \dots d^1 d^0 \end{bmatrix} \quad ; \quad \underline{d} = \begin{bmatrix} d^0 \\ d^1 d^0 \\ d^2 d^1 d^0 \\ \vdots \\ d^N d^{N-1} \dots d^1 d^0 \end{bmatrix}$$

$$C = \begin{pmatrix} c^0 & 0 & \cdots & 0 \\ d^1 c^0 & c^1 & \cdots & 0 \\ d^2 d^1 c^0 & d^2 c^1 & \cdots & 0 \\ d^3 d^2 d^1 c^0 & d^3 d^2 c^1 & \cdots & 0 \\ \vdots & \vdots & \ddots & \vdots \\ d^N d^{N-1} \dots d^1 c^0 & d^N d^{N-1} \dots d^2 c^1 & \cdots & c^N \end{pmatrix} \qquad (1.113)$$

avec pour $\ell = 1, \dots, N$ on a

$$a^\ell = \xi_\ell$$
$$b^\ell = 1 - \xi_\ell \xi_{\ell-1}$$
$$c^\ell = 1$$
$$d^\ell = -\xi_{\ell-1}$$

Le cas où $\ell = 0$ est différent, d'après le réseau de la figure (1.9) on a
$(a^0, b^0, c^0, d^0) = (\xi_0, 1, 1, 0)$
Ce résultat simplifie les expressions des matrices $\underline{b}$ et $\underline{d}$, on a :

$$\underline{b} = (1, 0, \dots, 0)^T, \qquad \underline{b} \in \mathbb{R}^{N+1} \qquad (1.114)$$

$$\underline{d} = \begin{bmatrix} 0 & \dots & 0 \end{bmatrix}, \underline{d} \in \mathbb{R}^{N+1}$$

En tenant compte des autres blocs du réseau de la figure (1.9), on aura pour $\ell = 0, \dots, N$

$$\widehat{y}^\ell(k) = \sqrt{1 - \xi_\ell^2} \, \widetilde{y}^\ell(k)$$

Par consequent on peut écrire

$$\widehat{y}(k) = \Xi \, \widetilde{y}(k) = \Xi \, C \, X(k)$$

avec $\widehat{y}(k) = \left[\widehat{y}^0(k),\, \widehat{y}^1(k),\, \ldots,\, \widehat{y}^N(k)\right]^T$ et Ξ une matrice définie comme suit :

$$\Xi = \begin{bmatrix} \sqrt{1 - \xi_0^2} & 0 & \cdots & 0 \\ 0 & \sqrt{1 - \xi_1^2} & \cdots & 0 \\ \vdots & \vdots & \ddots & \vdots \\ 0 & 0 & \cdots & \sqrt{1 - \xi_N^2} \end{bmatrix} \tag{1.115}$$

Finalement, la sortie $y(k)$ s'écrit

$$y(k) = [g_0,\, g_1,\, \cdots,\, g_N]\, \widehat{y}(k) = \underline{g}^T \Xi\, C X(k) \tag{1.116}$$

avec $\underline{g} = [g_0,\, g_1,\, \cdots,\, g_N]^T$.

Ainsi la représentation d'état utilisant les bases orthogonales avec des pôles fixes est donnée par le quadruplet $(A,\, B,\, \underline{c},\, d)$ du système (1.105) suivant :

$$(A,\, B,\, \underline{g}^T \Xi\, C,\, 0) \tag{1.117}$$

où les matrices A, B, C et Ξ sont définies respectivement par les relations (1.112), (1.114), (1.113) et (1.115).

1.3.5.5   Conclusion

Les filtres de la base orthogonale généralisée, admettant un nombre quelconque de pôles, qui peuvent être réels ou complexes conjugués. En conséquence, ils conviennent à la représentation de tout type de systèmes linéaires causaux et stables.

Le choix des pôles est une question cruciale vis-à-vis de l'ordre de troncature du développement sur une base BOG utilisé pour la modélisation des systèmes. Plus les pôles de la base sont proches des dynamiques dominantes du système, plus le nombre de paramètres du modèle obtenu est réduit. Cette condition nécessite la résolution d'un problème d'optimisation en vue de la sélection de la séquence optimale des pôles de la base orthogonale.

Chapitre 2

Modélisation des systèmes multivariables

2.1 Introduction

L'étude d'un système physique nécessite de représenter celui-ci par un modèle mathématique caractérisant au mieux son comportement dynamique. c'est ce dernier modèle obtenu à partir d'essais expérimentaux qui sera utilisé dans la suite de notre travail. On s'intéresse dans ce chapitre à la modélisation des systèmes linéaires multivariables (MIMO), discrets, invariants dans le temps. Dans un premier temps, on introduit les différents types de modèles mathématiques associés aux systèmes (MIMO) proposés dans la littérature. On présente également les divers passages possibles entre ces modèles. Dans un deuxième temps, on présente la modélisation des systèmes MIMO sur les bases orthogonales généralisées. On commence par présenter diverses structures possibles et on donne le réseau de filtres pour une structure particulière dans le cas d'un système bivariable. On termine par la formulation de l'équation d'état qui régit le modèle résultant. Vu la complexité de ce modèle, le système MIMO peut être décomposé en des sous systèmes MISO. On s'intéresse à l'élaboration du modèle du système MISO développé sur la base BOG et ce en présentant l'équation d'état de ce modèle.

2.2 Modélisation

Plusieurs modèles d'un système linéaire multivariable à temps discret ont été proposés dans la littérature [Favier, 1982], [Kamoun, 1987] , [Wolovich, 1974] et [Dubois, 1987]. Les modèles les plus couramment utilisés sont :

- La réponse impulsionnelle.
- La représentation d'état.
- La représentation opératorielle (ou équation aux différences, ou modèle entrée-sortie).
- La matrice de transfert.
- Modèle donnant une factorisation à droite pour la matrice de transfert du système.

Nous décrivons dans cette partie d'une part ces différents types de représentations et d'autre part nous présentons la manière de modéliser à l'aide de la matrice intéracteur la notion de retard pour un système linéaire discret multivariable quelconque.

Considérons un système multivariable linéaire discret d'ordre n, ayant r entrées et m sorties, représenté par la figure (2.1).

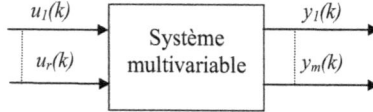

FIG. 2.1 – *Système linéaire multivariable r entrées et m sorties*

On définit le vecteur des entrées $U(k)$ et le vecteur des sorties $Y(k)$ de dimensions respectives r et m comme suit :

$$\underline{u}(k) = [u_1(k), \ldots, u_r(k)]^T \tag{2.1}$$

$$\underline{y}(k) = [y_1(k), \ldots, y_m(k)]^T \tag{2.2}$$

2.2.1   Modélisation entrée-sortie

Dans ce cas, le modèle considéré est

$$L(z)\underline{y}(k) = M(z)\underline{u}(k) \tag{2.3}$$

Où $L(z)$ et $M(z)$ sont deux matrices polynomiales de dimension appropriées définies par :

$$L(z) = L_\alpha z^{-\alpha} + L_{\alpha-1} z^{-(\alpha-1)} + \ldots + L_1 z^{-1} + I_m$$

$$\tag{2.4}$$

$$M(z) = M_\beta z^{-\beta} + M_{\beta-1} z^{-(\beta-1)} + \ldots + M_1 z^{-1} + M_0$$

avec L_i et M_j ($i = 0, \ldots, \alpha$ et $j = 0, \ldots, \beta$) sont des matrices constantes de dimensions respectives ($m \times m$) et ($m \times r$) et I_m est la matrice identité d'ordre m.

2.2.2 Modélisation par matrice de transfert

Dans le cadre des systèmes linéaires, l'utilisation de la propriété de superposition permet de généraliser la notion de transfert définie pour des systèmes mono-entrée mono-sortie au cas des systèmes multi-entrées multi-sorties. Si on considère la relation entre l'entrée j ($j = 1, \ldots, r$) et la sortie i ($i = 1, \ldots, m$) sous la forme d'un transfert :

$$y_i(k) = \frac{N_{ij}(z)}{D_{ij}(z)} u_j(k) = G_{ij}(z) u_j(k) \tag{2.5}$$

$N_{ij}(z)$ et $D_{ij}(z)$ sont respectivement le numérateur et le dénominateur de la fonction de transfert liant la sortie y_i à l'entrée u_j.

alors par superposition, on obtient

$$y_i(k) = \frac{N_{i1}(z)}{D_{i1}(z)} u_1(k) + \ldots + \frac{N_{ir}(z)}{D_{ir}(z)} u_r(k), \; i = 1, \ldots, m \tag{2.6}$$

et en considérant toutes les sorties, on peut écrire

$$\underline{y}(k) = G(z) \underline{u}(k) \tag{2.7}$$

avec

$$G(z) = \begin{pmatrix} G_{11}(z) & \cdots & G_{1r}(z) \\ \vdots & \ddots & \vdots \\ G_{m1}(z) & \cdots & G_{mr}(z) \end{pmatrix} \tag{2.8}$$

où $G(z)$ est une matrice de transfert de dimension ($m \times r$) dont les éléments sont les fonctions de transfert $G_{ij}(z)$ définies par (2.5).

Remarque 2.1 :

– Il est évident que lorsque la matrice $L(z)$ définie dans (2.3) est inversible, on a la relation :

$$G(z) = L^{-1}(z)M(z)$$

Ce qui donne directement une factorisation à gauche pour la matrice de transfert.

Les éléments $G_{ii}(z)$ de la matrice $G(z)$ représentent les effets principaux entre les entrées et les sorties, tandis que les autres éléments représentent les couplages [Carriou, 1996].

Les fonctions de transfert intervenant dans l'équation (2.6) n'ont pas obligatoirement le même dénominateur et par suite l'identification du système représenté sous cette forme générale n'est pas commode. Pour surmonter ce problème, on doit modifier la structure de la matrice $G(z)$.

2.2.3   Modélisation par Réponse impulsionnelle

Le système est représenté dans ce cas par :

$$\underline{y}(k) = E(z)\underline{u}(k) \tag{2.9}$$

avec E une matrice polynomiale de dimension appropriée définie par :

$$E(z) = E_1 z^{-1} + \cdots + E_i z^{-i} + \cdots \tag{2.10}$$

Où les matrices constantes E_i, $i = 1, \ldots, \infty$ de dimension $(m \times r)$ sont appelées paramètres de Markov du système. Ces paramètres définissent la séquence de la réponse impulsionnelle pour le système considéré. Si on suppose que le système est stable, il est possible de se limiter aux s premiers termes, c'est-à-dire chercher une approximation de $E(z)$, notée $E_a(z)$ telle que :

$$E_a(z) = E_1 z^{-1} + \cdots + E_s z^{-s} \tag{2.11}$$

Le système considéré peut être représenté par :

$$\underline{y}(k) = E_a(z)\underline{u}(k) \tag{2.12}$$

On peut remarquer, en posant $L(z) = I_m(z)$ et $M(z) = E_a(z)$ dans la relation (2.3), que la modélisation entrée-sortie peut se ramener à une modélisation par réponse impulsionnelle.

2.2.4 Modélisation dans l'espace d'état

La représentation du système en espace d'état est donnée par :

$$X(k+1) = AX(k) + B\underline{u}(k) \tag{2.13}$$

$$\underline{y}(k) = CX(k) + D\underline{u}(k) \tag{2.14}$$

où :

$\underline{y}(k)$ est le vecteur de sortie de dimension m,

$\underline{u}(k)$ est un vecteur de commande de dimension r,

$X(k)$ est un vecteur d'état de dimension n,

A, B C et D sont des matrices constantes de dimensions respectives $(n \times n)$, $(n \times r)$, $(m \times n)$ et $(m \times r)$.

Notons que la structure des matrices intervenant dans (2.13) et (2.14) n'est pas unique. Le nombre de paramètres à identifier du système peut être réduit, par transformation des matrices A, B, C et D, en utilisant les formes canoniques proposées par [Guidorzi, 1975]. Soulignons que l'équivalence entre formes canoniques d'espace d'état et équation aux différences a été développée dans [Rhaimi, 1986].

2.2.5 Modélisation donnant une factorisation à droite pour la matrice de transfert

Cette représentation est la suivante [Wolovich, 1974], [Dubois, 1987] :

$$\begin{cases} P(z) \, \underline{x}(k) = Q(z) \, \underline{u}(k) \\ \underline{y}(k) = R(z) \, \underline{x}(k) + W(z) \, \underline{u}(k) \end{cases} \tag{2.15}$$

où :
$\underline{u}(k) \in \mathbb{R}^r$, $\underline{y}(k) \in \mathbb{R}^m$, $\underline{x}(k)$ est l'état partiel du système de dimension n.
et

$P(z) \in \mathbb{R}^{n \times n}$ (matrice non singulière), $Q(z) \in \mathbb{R}^{n \times r}$, $R(z) \in \mathbb{R}^{m \times n}$ et $W(z) \in \mathbb{R}^{m \times r}$

La matrice de transfert du système est alors donnée par :

$$G(z) = R(z)P^{-1}(z)Q(z) + W(z) \tag{2.16}$$

Remarques

⋆ Une représentation de type (2.15) ne donne pas directement une matrice de transfert factorisée.

⋆ On retrouve de nombreux articles de commande adaptative multivariable [Dubois, 1987] basés sur la modélisation suivante :

$$\begin{cases} P(z)\,\underline{x}(k) = \underline{u}(k) \\ \underline{y}(k) = R(z)\,\underline{x}(k) \end{cases} \tag{2.17}$$

qui est un cas particulier de (2.15) et (2.16) et qui donne directement la factorisation à droite suivante :

$$G(z) = R(z)P^{-1}(z) \tag{2.18}$$

2.2.6   Modélisation du retard pour un système multivariable

2.2.6.1   Cas des systèmes où le retard peut être défini de manière explicite [Dubois, 1987]

Le modèle représentant le système est alors donné par :

$$L(z)\underline{y}(k) = z^{-d}\,M(z)\underline{u}(k) \tag{2.19}$$

Où $L(z)$ et $M(z)$ sont données par (2.4).

L'entier d qui apparaît dans (2.19) et qui est alors considéré comme le retard du système multivariable ne peut avoir un sens physique que dans les trois cas particuliers suivants :

Premier cas :

Le retard de toutes les sorties par rapport à toutes les entrées du système est égal à un même entier d, alors d peut être défini comme étant le retard du système multivariable.

Deuxième cas :

Chaque sortie $y_i(k)$ admet un retard identique d_i par rapport à toutes les entrées et l'entier d défini par :

$$d = \inf_{i=1,\ldots,m} (d_i) \tag{2.20}$$

peut être interprété comme étant le retard du système. Pour plus de détail voir [Dubois, 1987].

Troisième cas :

Chaque sortie $y_i(k)$ admet un retard d_j par rapport à l'entrée $u_j(k)$ et l'entier d défini par :

$$d = \inf_{j=1,\ldots,r} (d_j) \tag{2.21}$$

peut être interprété comme étant le retard du système. Pour plus de détail voir [Dubois, 1987].

2.2.6.2 Cas des systèmes où le retard n'apparaît pas de manière explicite : Matrice intéracteur

Dans le cas général la représentation du retard pour le système MIMO est reliée à la matrice intéracteur $\Pi(z)$ qui a été introduite pour la première fois par [Wolovich et Falb, 1976] puis par [Goodwin et Sin, 1984] et qui satisfait les propriétés suivantes :

1.

$$\lim_{z \to \infty} \Pi(z)G(z) = F \tag{2.22}$$

F étant une matrice constante de rang plein et $G(z)$ est la matrice de transfert du système MIMO de rang plein $\in \mathbb{R}^{m \times r}$

2.

$$\Pi(z) = \Pi_1 z^d + \Pi_2 z^{d-1} + \ldots + \Pi_d z \tag{2.23}$$

où $\Pi(z) \in \mathbb{R}^{m \times m}$ est nommée matrice intéracteur et d est un entier unique, Π_i, ($i = 1, \ldots, d$) sont des matrices constantes.

La matrice intéracteur n'est pas unique, elle peut être matrice diagonale, matrice triangulaire inférieure ou généralement matrice pleine. [Wolovich et Falb, 1976] ont décrit un algorithme pour déterminer la matrice intéracteur sous forme triangulaire inférieure et ce à partir de la connaissance de la matrice de transfert et plus particulièrement sa factorisation à droite (exigence assez forte). [Shah et al, 1987] ont suggéré une autre méthode pour évaluer la matrice intéracteur $\Pi(z)$ à partir de la connaissance des paramètres de

Markov. Cette méthode exploite la représentation par réponse impulsionnelle du système qui s'écrit comme suit :

$$G(z) = \sum_{i=1}^{\infty} E_i z^{-i} \qquad (2.24)$$

où E_i sont des matrices constantes de dimension $(m \times r)$.

En tenant compte des propriétés (2.22), (2.23) et de la relation (2.24) on aura :

$$
\begin{aligned}
\lim_{z \to \infty} \Pi(z)G(z) = {}& [\Pi_1 E_d + \Pi_2 E_{d-1} + \ldots + \Pi_d E_1] + z(\Pi_{d-1} E_1 + \Pi_{d-2} E_2 + \ldots + \Pi_1 E_{d-1}) + \\
& + \ldots + z^{d-2}(\Pi_2 E_1 + \Pi_1 E_2) + z^{d-1} \Pi_1 E_1 = F
\end{aligned}
$$
$$\qquad (2.25)$$

et la matrice intéracteur s'obtient en calculant $\Pi_1, \Pi_2, \ldots, \Pi_d$ à partir des équations algébriques suivantes [Shah et al, 1987] :

$$
\begin{cases}
\Pi_1 E_1 = 0 \\
\Pi_2 E_1 + \Pi_1 E_2 = 0 \\
\vdots \\
\Pi_{d-1} E_1 + \Pi_{d-2} E_2 + \ldots + \Pi_1 E_{d-1} = 0 \\
\Pi_1 E_d + \Pi_2 E_{d-1} + \ldots + \Pi_d E_1 = F
\end{cases}
\qquad (2.26)
$$

La résolution de ce système d'équation permet d'évaluer la matrice intéracteur à partir de la connaissance des d premiers paramètres de Markov. Pour avoir une matrice intéracteur pleine, [Peng et Kinnaert, 1992] considèrent une matrice intéracteur unitaire qui satisfait la propriété supplémentaire suivante :

$$\Pi^T(z^{-1})\Pi(z) = I_m \qquad (2.27)$$

Pour une matrice de transfert $G(z)$ de rang plein, il existe une matrice intéracteur non unique. Cependant, il a été montré dans [Peng et Kinnaert, 1992] que deux matrices intéracteurs unitaires, $\Pi(z)$ et $\widetilde{\Pi}(z)$ satisfont $\widetilde{\Pi}(z) = \Gamma\Pi(z)$, avec Γ une matrice réelle orthogonale de dimension $m \times m$ ($\Gamma^T\Gamma = I_m$). [Huang et al, 1996] montre que quelques paramètres de Markov sont nécessaires pour la détermination de la matrice intéracteur.

2.3   Passages entre modèles

Lorsque l'on conçoit un système de commande on peut avoir besoin d'utiliser l'un ou l'autre de ces modèles. Par conséquent le passage d'une représentation à une autre est indispensable.

2.3.1   Passage Matrice de transfert $\rightarrow$ Entrée-sortie

Ce passage sera étudié en utilisant la forme de Smith-Mc Millan (Annexe A). Il s'agit donc de transformer le modèle de la relation (2.7) en un modèle entrée-sortie (2.3). Pour réaliser cette opération, on suppose que tous les éléments de $G(z)$ sont irréductibles et on considère le polynôme $\Delta(z)$, p.p.c.m. des dénominateurs $D_{ij}(z)$ pour écrire $G(z)$ sous la forme:

$$G(z) = \frac{1}{\Delta(z)}N(z) \tag{2.28}$$

où $N(z)$ est une matrice polynomiale de dimension $(m \times r)$ de rang p.

Soit la décomposition de Smith de $N(z)$

$$N(z) = W(z)S(z)V(z) \tag{2.29}$$

où :

- $W(z)$ et $V(z)$ sont deux matrices polynomiales unimodulaires, c'est-à-dire dont les déterminants sont des constantes non nulles, de dimensions respectives $(m \times m)$ et $(r \times r)$.

- $S(z) = \begin{bmatrix} \Sigma & \mathbf{0} \\ \mathbf{0} & \mathbf{0} \end{bmatrix}$, forme de Smith de $N(z)$, avec

$$\Sigma(z) = diag\{s_1(z), s_2(z), \ldots, s_p(z)\} \tag{2.30}$$

$s_i(z)$, $i = 1, \ldots, p$ sont des polynômes dont chacun est divisible sans reste par le précèdent.

cela conduit à la forme de Smith-Mc Millan de G(z), en effet on peut écrire :

$$\Gamma(z) = \frac{S(z)}{\Delta(z)} = \begin{bmatrix} \frac{s_1(z)}{\Delta(z)} & 0 & \cdots & 0 & \mathbf{0} \\ 0 & \frac{s_2(z)}{\Delta(z)} & \cdots & 0 & \mathbf{0} \\ \vdots & \vdots & \ddots & \cdots & \vdots \\ 0 & 0 & \cdots & \frac{s_p(z)}{\Delta(z)} & \mathbf{0} \\ \mathbf{0} & \mathbf{0} & \cdots & \mathbf{0} & \mathbf{0} \end{bmatrix} \tag{2.31}$$

où $\Gamma(z)$ est une matrice de dimension $(m \times r)$ qui peut s'écrire sous la forme suivante :

$$\Gamma(z) = \begin{bmatrix} \frac{\alpha_1(z)}{\beta_1(z)} & \cdots & 0 & 0 \\ \vdots & \ddots & \vdots & \vdots \\ 0 & \cdots & \frac{\alpha_p(z)}{\beta_p(z)} & 0 \\ \mathbf{0} & \cdots & \mathbf{0} & \mathbf{0} \end{bmatrix} \tag{2.32}$$

où les fractions $\frac{\alpha_i(z^{-1})}{\beta_i(z^{-1})}$ sont irréductibles. Comme les $s_i(z^{-1})$ sont divisibles sans reste par le précèdent, on a les propriétés, pour $i = 2, \ldots, p$:

- $\beta_i(z)$ divise sans reste $\beta_{i-1}(z)$;
- $\alpha_{i-1}(z)$ divise sans reste $\alpha_i(z)$;
- $\beta_1(z) = \Delta(z)$

La factorisation à gauche de la matrice rationnelle $\Gamma(z)$ s'écrit :

$$\Gamma(z) = \vartheta^{-1}(z) R(z)$$

avec $\vartheta(z)$ et $R(z)$ sont deux matrices de dimension respective $(m \times m)$ et $(m \times r)$ définies comme suit :

$$\vartheta(z) = \begin{bmatrix} \beta_1(z) & \cdots & 0 & 0 \\ \vdots & \ddots & \vdots & \vdots \\ 0 & \cdots & \beta_p(z) & 0 \\ \mathbf{0} & \cdots & \mathbf{0} & \mathbf{I}_{m-p} \end{bmatrix} \quad et \quad R(z) = \begin{bmatrix} \alpha_1(z) & \cdots & 0 & 0 \\ \vdots & \ddots & \vdots & \vdots \\ 0 & \cdots & \alpha_p(z) & 0 \\ \mathbf{0} & \cdots & \mathbf{0} & \mathbf{0} \end{bmatrix}$$

Par ailleurs la factorisation à gauche de la matrice de transfert $G(z)$ s'écrit :

$$G(z) = D_G^{-1}(z) N_G(z) \tag{2.33}$$

où

$$D_G(z) = \vartheta(z) W^{-1}(z)$$
$$N_G(z) = R(z) V(z)$$

La forme (2.33) et la relation (2.7) conduisent à la relation :

$$\underline{y}(k) = D_G^{-1}(z) N_G(z) \underline{u}(k) \tag{2.34}$$

et par suite on aura le modèle entrée-sortie.

$$D_G(z) \underline{y}(k) = N_G(z) \underline{u}(k) \tag{2.35}$$

2.3.2   Passage modèle d'état → Matrice de transfert

Un modèle d'état stationnaire peut facilement être mis sous la forme d'un modèle matrice de transfert.

Si on utilise la définition de l'opérateur d'avance (z) dans l'équation d'état (2.13), on obtient :

$$z \, X(k) = AX(k) + B\underline{u}(k) \tag{2.36}$$

avec $X(0) = 0$;

A partir de (2.36) et (2.14), on peut écrire :

$$(zI - A)X(z) = BU(z) \tag{2.37}$$

$$Y(z) = CX(z) + DU(z) \tag{2.38}$$

et par suite :

$$Y(z) = \big(C(zI - A)^{-1}B + D\big) U(z) \tag{2.39}$$

ce qui correspond à la matrice de transfert :

$$G(z) = C(zI - A)^{-1}B + D \tag{2.40}$$

2.3.3   Passage modèle entrée-sortie → modèle d'état

Il s'agit de passer de la paire ($L(z)$,$M(z)$) de la relation (2.3) au quadruplet (A, B, C, D) des relations (2.13) et (2.14). Pour ce faire, on suppose que $\beta = \alpha$ afin de simplifier les expressions, sans rajouter des matrices nulles.

on a :

$$L(z)\underline{y}(k) = M(z)\underline{u}(k) \tag{2.41}$$

$$L(z) = L_\alpha z^{-\alpha} + L_{\alpha-1} z^{-(\alpha-1)} + \ldots + L_1 z^{-1} + I_m$$

$$M(z) = M_\alpha z^{-\alpha} + M_{\alpha-1} z^{-(\alpha-1)} + \ldots + M_1 z^{-1} + M_0$$

soit après développement

$$\underline{y}(k) = \; M_0\underline{u}(k) + M_1 z^{-1}\underline{u}(k) + \cdots + M_{\alpha-1} z^{-(\alpha-1)}\underline{u}(k) + M_\alpha z^{-\alpha}\underline{u}(k)$$

$$-L_1 z^{-1}\underline{y}(k) - \cdots - L_{\alpha-1} z^{-(\alpha-1)}\underline{y}(k) - L_\alpha z^{-\alpha}\underline{y}(k) \tag{2.42}$$

que l'on met sous la forme :

$$
\begin{aligned}
\underline{y}(k) = \ &M_0\underline{u}(k) + z^{-1}\left[M_1\underline{u}(k) - L_1\underline{y}(k) + z^{-1}\left[M_2\underline{u}(k) - L_2\underline{y}(k) + \right.\right. \\[2mm]
&\left.\left. z^{-1}\left[\cdots + z^{-1}\left[M_{\alpha-1}\underline{u}(k) - L_{\alpha-1}\underline{y}(k) + z^{-1}\left[M_\alpha\underline{u}(k) - L_\alpha\underline{y}(k)\right]\right]\right]\right]\right]
\end{aligned}
\tag{2.43}
$$

On introduit le vecteur d'état $X(k) = \begin{bmatrix} x_1(k) & \ldots & x_\alpha(k) \end{bmatrix}^T$ et on décompose la relation (2.43) sous la forme :

$$
x_\alpha(k) = z^{-1}\left[M_\alpha\underline{u}(k) - L_\alpha\underline{y}(k)\right]
$$

$$
x_{\alpha-1}(k) = z^{-1}\left[M_{\alpha-1}\underline{u}(k) - L_{\alpha-1}\underline{y}(k) + x_\alpha(k)\right]
$$

$$
\vdots
$$

$$
x_2(k) = z^{-1}\left[M_2\underline{u}(k) - L_2\underline{y}(k) + x_3(k)\right]
$$

$$
x_1(k) = z^{-1}\left[M_1\underline{u}(k) - L_1\underline{y}(k) + x_2(k)\right]
$$

$$
\underline{y}(k) = M_0\underline{u}(k) + x_1(k)
$$

En remplaçant $\underline{y}(k)$ par son expression dans les α relations qui précèdent et en multipliant toutes ces relations par z (conditions initiales nulles), on obtient :

$$
\begin{cases}
x_1(k+1) = \left[M_1'\underline{u}(k) - L_1 x_1(k) + x_2(k)\right] \\[2mm]
x_2(k+1) = \left[M_2'\underline{u}(k) - L_2 x_1(k) + x_3(k)\right] \\
\vdots \\
x_{\alpha-1}(k+1) = \left[M_{\alpha-1}'\underline{u}(k) - L_{\alpha-1} x_1(k) + x_\alpha(k)\right] \\[2mm]
x_\alpha(k+1) = \left[M_\alpha'\underline{u}(k) - L_\alpha x_1(k)\right]
\end{cases}
\tag{2.44}
$$

$$
\underline{y}(k) = M_0\underline{u}(k) + x_1(k)
\tag{2.45}
$$

avec $M_i' = M_i - L_i M_0; \; i = 1, \ldots, \alpha$

Ceci conduit à la représentation d'état suivante :

$$
\begin{bmatrix} x_1(k+1) \\ x_2(k+1) \\ \vdots \\ x_{\alpha-1}(k+1) \\ x_\alpha(k+1) \end{bmatrix} = \begin{bmatrix} -L_1 & I_m & \mathbf{0} & \cdots & \mathbf{0} \\ -L_2 & \mathbf{0} & I_m & \cdots & \vdots \\ \vdots & \vdots & \vdots & \ddots & \mathbf{0} \\ -L_{\alpha-1} & \mathbf{0} & \cdots & \mathbf{0} & I_m \\ -L_\alpha & \mathbf{0} & \cdots & \cdots & \mathbf{0} \end{bmatrix} \begin{bmatrix} x_1(k) \\ x_2(k) \\ \vdots \\ x_{\alpha-1}(k) \\ x_\alpha(k) \end{bmatrix} + \begin{bmatrix} M_1' \\ M_2' \\ \vdots \\ M_{\alpha-1}' \\ M_\alpha' \end{bmatrix} \underline{u}(k)
$$

$$(2.46)$$

$$
\underline{y}(k) = \begin{bmatrix} I_m & \mathbf{0} & \cdots & \mathbf{0} \end{bmatrix} X(k) + M_0 \underline{u}(k) \tag{2.47}
$$

2.4 Modélisation des systèmes multivariables sur les BOG

Les modèles par filtres orthogonaux appartiennent à la famille des modèles dits boites noires. La complétude de l'espace $l_2[0,\infty[$ engendré par ces fonctions permet de représenter tout système LTI et stable par une série infinie, et la convergence des coefficients de Fourier d'une part et celle de la série infinie d'autre part, justifie la troncature de cette série à un nombre fini. Devant la multitude des bases étudiées (FIR, Laguerre, Kautz, BOG), il s'agit en règle générale, de savoir laquelle est la plus appropriée pour identifier un système donné sous des conditions expérimentales données. Notons cependant que la base BOG regroupe à la fois les bases de fonctions FIR, Laguerre et Kautz avec un choix adéquat du (des) pôle(s).

Nos propos, dans cette section, se focalisent sur la modélisation des systèmes multivariables à l'aide des bases orthogonales. Nous avons présenté, pour le cas des systèmes SISO, une formule générale des fonctions des bases orthogonales donnée par l'équation (1.74) qui sera exploitée dans la suite de ce rapport.

On considère un système multi-entrées multi-sorties discret, linéaire, stable, invariant dans le temps (LTI) et causal ayant r entrées et m sorties dont les r séquences d'entrées sont $\{u_1(k)\}, \{u_2(k)\}, \ldots, \{u_r(k)\}$ et les m séquences de sorties sont $\{y_1(k)\}, \{y_2(k)\}, \ldots, \{y_m(k)\}$.
Chaque sortie du système $y_s(k)$ peut être écrite en fonction des entrées et d'un processus $v_s(k)$ comme suit :

$$y_s(k) = \sum_{j=1}^{r} G_{sj}(z)\, u_j(k) + v_s(k) \qquad ; s = 1, 2, \ldots, m \qquad (2.48)$$

$G_{sj}(z)$ est la fonction de transfert entre la s ième sortie et la j ème entrée. Une écriture matricielle possible de l'équation (2.48) peut être introduite sous la forme suivante :

$$\underline{y}(k) = G(z)\underline{u}(k) + \underline{v}(k) \qquad (2.49)$$

avec $\underline{u}(k) = [u_1(k), u_2(k), \ldots, u_r(k)]^T$, $\qquad \underline{y}(k) = [y_1(k), y_2(k), \ldots, y_m(k)]^T$, $\underline{v}(k) = [v_1(k), v_2(k), \ldots, v_m(k)]^T$

et

$$G(z) = \begin{pmatrix} G_{11}(z) & G_{12}(z) & \cdots & G_{1r}(z) \\ G_{21}(z) & G_{22}(z) & \cdots & G_{2r}(z) \\ \vdots & \vdots & \ddots & \vdots \\ G_{m1}(z) & G_{m2}(z) & \cdots & G_{mr}(z) \end{pmatrix} \qquad (2.50)$$

2.4.1 Structures des modèles des systèmes MIMO

Il est clair que la structure du modèle des systèmes MIMO peut être déduite de la décomposition de la fonction de transfert des systèmes SISO sur les bases orthogonales. Dans ce cas la matrice de transfert $G(z)$ du système sera représentée par une séquence $\{\mathbf{B_n}(z)\}$ formant un ensemble de fonctions de la Base orthogonale généralisée dans l'espace de Hardy $\mathcal{H}_2^{m \times r}(D^c)$ [Gomez, 1998a].

$$G(z) = \sum_{n=0}^{p-1} \theta_{\mathbf{n}}{}^T \mathbf{B_n}(z) \qquad (2.51)$$

Avec $\{\theta_{\mathbf{n}}{}^T\}$ est une matrice de dimension $(m \times m)$ contenant les paramètres à identifier, $p-1$ est l'ordre de troncature et $\mathbf{B_n}(z)$ est la matrice de la base orthogonale généralisée (BOG) donnée par :

$$\mathbf{B_n}(z) = \begin{pmatrix} B_n^{11}(z) & B_n^{12}(z) & \cdots & B_n^{1r}(z) \\ \vdots & \vdots & \ddots & \vdots \\ B_n^{m1}(z) & B_n^{m2}(z) & \cdots & B_n^{mr}(z) \end{pmatrix} \qquad n = 0, \ldots, p-1 \qquad (2.52)$$

Pour $1 \leq \ell \leq m$ et $1 \leq q \leq r$, la fonction de la base orthogonale généralisée $B_n^{\ell q}(z)$ s'écrit à partir de la relation (1.74).

$$B_n^{\ell q}(z) = \frac{1}{\sqrt{mr}} \left(\frac{\sqrt{1 - \mid \xi_n^{\ell q} \mid^2}}{z - \xi_n^{\ell q}} \right) \prod_{k=0}^{n-1} \left(\frac{1 - \overline{\xi}_k^{\ell q} z}{z - \xi_k^{\ell q}} \right) \qquad (2.53)$$

La multiplicité par $\frac{1}{\sqrt{mr}}$ est appliquée pour garantir la normalité de la base.
L'équation (2.49) devient

$$\underline{y}(k) = \left(\theta_0^T, \theta_1^T, \ldots, \theta_{p-1}^T \right) \begin{pmatrix} \mathbf{B_0}(z) \\ \mathbf{B_1}(z) \\ \vdots \\ \mathbf{B_{p-1}}(z) \end{pmatrix} \underline{u}(k) + \underline{v}(k) \qquad (2.54)$$

$$\underline{y}(k) = \Theta^T \Gamma_p(z) \underline{u}(k) + \underline{v}(k) \qquad (2.55)$$

$$= \Theta^T \Phi(k) + \underline{v}(k) \qquad (2.56)$$

avec

$$\Theta^T = \left[\theta_0^T, \theta_1^T, \ldots, \theta_{p-1}^T \right] \qquad (2.57)$$

$$\Gamma_p^T = \left[\mathbf{B_0^T}(z), \mathbf{B_1^T}(z), \ldots, \mathbf{B_{p-1}^T}(z) \right] \qquad (2.58)$$

$$\Phi(k) = \Gamma_p(z) \underline{u}(k) \qquad (2.59)$$

En appliquant la définition usuelle du produit scalaire pour le cas des matrices, on peut vérifier l'orthogonalité des fonctions de la base.

$$< \mathbf{B_n}, \mathbf{B_k} > = \frac{1}{2\pi j} \oint_{\mathcal{T}} trace \left\{ \mathbf{B_n}(z) \mathbf{B_k^*}(z) \right\} z^{-1} dz \qquad (2.60)$$

où $\mathbf{B_k^*}(z)$ désigne la matrice transposée du conjugué de $\mathbf{B_k}(z)$ et $\mathcal{T}$ est le cercle unité.

pour $k = n$ on aura :

$$\parallel \mathbf{B_n} \parallel^2 = < \mathbf{B_n}, \mathbf{B_n} > = \frac{1}{2\pi j} \sum_{\ell=1}^{m} \sum_{q=1}^{r} \oint_{\mathcal{T}} B_n^{\ell q}(z) \overline{B_n^{\ell q}(z)} z^{-1} dz \qquad (2.61)$$

En tenant compte du fait que $\overline{z} = z^{-1}$, la relation (2.53) nous donne :

$$\frac{1}{2\pi j} \oint_{\mathcal{T}} B_n^{\ell q}(z) \overline{B_n^{\ell q}(z)} z^{-1} dz = \frac{1 - \mid \xi_n^{\ell q} \mid^2}{2mr\pi j} \oint_{\mathcal{T}} \frac{1}{(z - \xi_n^{\ell q})(1 - \overline{\xi}_n^{\ell q} z)} dz = \frac{1}{mr} \qquad (2.62)$$

L'intégrale peut être évaluée à l'aide du théorème des résidus. En substituant (2.62) dans (2.61) on aura $\parallel \mathbf{B_n} \parallel^2 = 1$.

En utilisant la même méthode que précédemment pour $k < n$ on obtient :

$$< \mathbf{B_k},\mathbf{B_n} > = \frac{1}{2\pi j} \sum_{\ell=1}^{m} \sum_{q=1}^{r} \oint_{\mathcal{T}} B_k^{\ell q}(z) \overline{B_n^{\ell q}(z)} z^{-1} dz \qquad (2.63)$$

or

$$\frac{1}{2\pi j} \oint_{\mathcal{T}} B_k^{\ell q}(z) \overline{B_n^{\ell q}(z)} z^{-1} dz =$$

$$\frac{\sqrt{(1-\mid \xi_k^{\ell q}\mid^2)(1-\mid \xi_n^{\ell q}\mid^2)}}{2mr\pi j} \oint_{\mathcal{T}} \frac{1}{(z-\xi_k^{\ell q})(1-\overline{\xi}_n^{\ell q} z)} \prod_{t=k}^{n-1} (\frac{z-\xi_t^{\ell q}}{1-\overline{\xi}_t^{\ell q} z}) dz \qquad (2.64)$$

Comme tous les pôles dans la relation (2.64) sont à l'extérieur du cercle unité $\mathcal{T}$, d'après le théorème de Cauchy l'intégrale dans (2.64) est nulle. Donc le produit scalaire $< \mathbf{B_k},\mathbf{B_n} > = 0 \ \forall \ k \neq n$. Par conséquent les fonctions $\{\mathbf{B_n}\}$ données par les relations (2.52) et (2.53) forment un ensemble orthonormal.

La complétude de l'espace $\mathcal{H}_2^{m \times r}(D^c)$ est démontrée par [Gomez, 1996].

$$\sum_{n=0}^{\infty} (1-\mid \xi_n^{\ell q} \mid) = \infty \qquad (2.65)$$

Une deuxième structure du modèle peut être définie [Gomez, 1998a]. En effet la matrice de transfert peut être représentée par une série tronquée de la matrice des bases orthogonales $\{\mathbf{B}_n^{ij}(z)\}$ avec des coefficients scalaires comme suit

$$G(z) = \sum_{n=0}^{p-1} \sum_{i=1}^{m} \sum_{j=1}^{r} \theta_n^{ij} \, \mathbf{B}_n^{ij}(z) \tag{2.66}$$

Avec $\{\theta_n^{ij}\}$ est l'ensemble des paramètres du modèle et $\{\mathbf{B}_n^{ij}(z)\}$ est une séquence de matrices de dimension $m \times r$ donnée par :

$$\mathbf{B}_n^{ij}(z) = \begin{pmatrix} 0 & \cdots & 0 & \cdots & 0 \\ \vdots & \ddots & \vdots & \ddots & \vdots \\ 0 & \cdots & B_n(z) & \cdots & 0 \\ \vdots & \ddots & \vdots & \ddots & \vdots \\ 0 & \cdots & 0 & \cdots & 0 \end{pmatrix} \begin{matrix} \\ \\ \leftarrow \ i \\ \\ \\ \end{matrix} \tag{2.67}$$
$$\begin{matrix} \uparrow \\ j \end{matrix}$$

et

$$B_n(z) = \frac{\sqrt{1 - \mid \xi_n \mid^2}}{z - \xi_n} \prod_{k=0}^{n-1} \left(\frac{1 - \overline{\xi}_k z}{z - \xi_k} \right) \tag{2.68}$$

Le théorème suivant montre que $\{B_n(z)\}$ est un ensemble orthonormal complet dans l'espace de Hardy $\mathcal{H}_2$.

Théorème 2.1 [Gomez, 1998a]

Soit $\{B_n(z)\}_{n=0}^{\infty}$ un ensemble orthonormal complet (i.e., base orthonormale) dans l'espace de Hardy $\mathcal{H}_2$; la définition usuelle du produit scalaire est :

$$< B_n, B_k > = \frac{1}{2\pi j} \oint_{\mathcal{T}} B_n(z) \overline{B_k(z)} z^{-1} dz \tag{2.69}$$

et soit $\{\mathbf{B}_n^{ij}(z)\}_{n=0}^{\infty}$ $(i = 1, \ldots, m; \ j = 1, \ldots, r)$, l'ensemble des matrices défini dans l'espace de fonction $\mathcal{H}_2^{m \times r}$ comme (2.67)

Alors $\{\mathbf{B}_n^{ij}(z)\}_{n=0}^{\infty}$ $(i = 1, \ldots, m; \ j = 1, \ldots, r)$ est un ensemble orthonormal complet dans $\mathcal{H}_2^{m \times r}$ avec le produit scalaire suivant :

$$< \mathbf{B_n^{ij}}, \mathbf{B_k^{st}} > = \frac{1}{2\pi j} \oint_T trace \left\{ \mathbf{B_n^{ij}}(z) \mathbf{B_k^{st}}(z)^* \right\} z^{-1} dz \qquad (2.70)$$

ce qui donne

$$< \mathbf{B_n^{ij}}, \mathbf{B_k^{st}} > = \left\{ \begin{array}{ll} 0 & si \quad \mathbf{B_n^{ij}} \neq \mathbf{B_k^{st}} \\ 1 & si \quad \mathbf{B_n^{ij}} = \mathbf{B_k^{st}} \end{array} \right. \qquad (2.71)$$

La démonstration de ce théorème est dans [Gomez, 1998a].

Dans le but de mettre le système sous une forme linéaire des paramètres, on définit le vecteur de paramètres suivant :

$$\Theta = (\theta_0^{11}, \ldots, \theta_0^{1r}, \ldots, \theta_0^{m1}, \ldots, \theta_0^{mr}, \ldots, \theta_{p-1}^{11}, \ldots, \theta_{p-1}^{mr})^T ; \quad dim\{\Theta\} = pmr \times 1 \qquad (2.72)$$

et

$$\Gamma^T(z) = \left[vec(B_0^{11}(z)), \ldots, vec(B_0^{mr}(z)), \ldots, vec(B_{p-1}^{11}(z)), \ldots, vec(B_{p-1}^{mr}(z)) \right] \qquad (2.73)$$

où $dim\{\Gamma(z)\} = pmr \times mr$ et l'opérateur vec permet de convertir une matrice de dimension $m \times n$ en un vecteur de dimension $(mn, 1)$ de la façon suivante :

$$vec(\mathbf{A}) = \begin{pmatrix} A_1^T \\ A_2^T \\ \vdots \\ A_m^T \end{pmatrix}$$

où A_i, $i = 1, \ldots, m$ est la i ème ligne de la matrice $\mathbf{A}$

Alors la forme vectorielle de la matrice de transfert sera donnée par :

$$\underline{g}(z, \Theta) = vec(G(z)) = \Gamma^T(z)\Theta \qquad (2.74)$$

où $\underline{g}(z, \Theta)$ est un vecteur de dimension $(mr, 1)$

L'équation du système (2.49) peut être écrite comme suit :

$$
\begin{aligned}
\underline{y}(k) &= G(z)\underline{u}(k) + \underline{v}(k) \\[2mm]
&= (\underline{u}^T(k) \otimes I_m) \ vec\{G(z)\} + \underline{v}(k) \\[2mm]
&= (\underline{u}^T(k) \otimes I_m) \ \underline{g}(z,\Theta) + \underline{v}(k) \\[2mm]
&= (\underline{u}^T(k) \otimes I_m) \ \Gamma^T(z)\Theta + \underline{v}(k) \\[2mm]
&= [\Gamma(z)(\underline{u}(k) \otimes I_m)]^T\Theta + \underline{v}(k) \\[2mm]
&= \Phi^T(k)\Theta + \underline{v}(k)
\end{aligned}
\tag{2.75}
$$

Avec $\Phi(k) = \Gamma(z)(\underline{u}(k) \otimes I_m)$; $dim\{\Phi(k)\} = pmr \times m$ et $\otimes$ est le produit de Kronecker (Annexe A).

Afin de passer au réseau des filtres de la BOG pour le cas des systèmes MIMO, [Gomez, 1998b] a démontré l'égalité suivante :

$$
G(z) = \sum_{n=0}^{p-1}\sum_{i=1}^{m}\sum_{j=1}^{r} \theta_n^{ij}\mathbf{B_n^{ij}}(z) = \sum_{n=0}^{p-1} \theta_{\mathbf{n}}{}^T B_n(z)
\tag{2.76}
$$

Avec $\theta_{\mathbf{n}}{}^T$ une matrice définie comme suit :

$$
\theta_{\mathbf{n}}{}^T = \begin{pmatrix} \theta_n^{11} & \cdots & \theta_n^{1r} \\ \vdots & \ddots & \vdots \\ \theta_n^{m1} & \cdots & \theta_n^{mr} \end{pmatrix}
\tag{2.77}
$$

Remarque 2.2 :

Cette représentation utilise une seule base, ce qui permet d'introduire les mêmes pôles pour les différents filtres du réseau de la BOG ($\xi_i^{\ell q} = \xi_i$ pour $\ell = 1, 2\ldots, m$; $q = 1, 2 \ldots, r$ et $i = 0,\ldots, N$). N est l'ordre de troncature du réseau.

2.4.2 Réseau de filtres de la BOG des systèmes 2 entrées- 2 sorties

En vue d'avoir une représentation d'état minimale, on propose le réseau du filtres au cas d'un système multivariable ayant deux entrées et deux sorties modélisé sur les bases orthogonales avec des pôles fixes ξ_i ($i = 0,\ldots, N$). N est l'ordre de troncature du réseau.

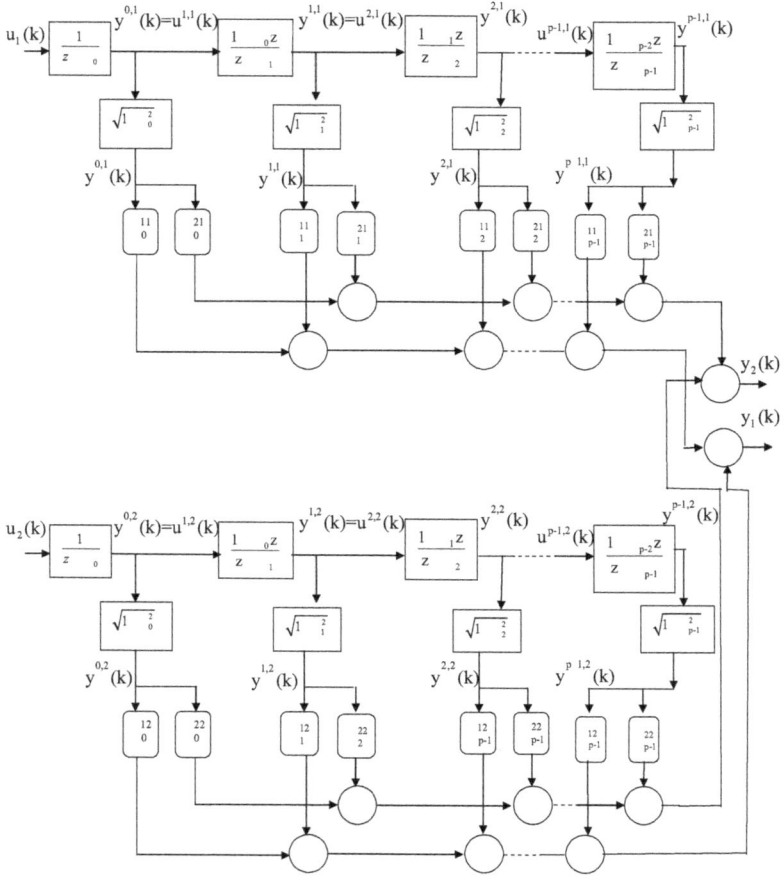

FIG. 2.2 – *Réseau de filtres de la BOG d'un système 2 entrées-2 sorties*

2.4.3   Représentation dans l'espace d'état

On exploite dans cette partie la représentation dans l'espace d'état des systèmes SISO traitée dans la section 1.3.5.4. L'extension au cas MIMO est basée sur la structure (2.76) avec le même nombre d'entrées-sorties [Gomez, 1998a].

En se basant sur le réseau de la figure (2.2), la représentation d'état pour un bloc du ℓ ième filtre relatif à l'entrée u_i s'écrit

$$x^{\ell,i}(k+1) = \xi_\ell\, x^{\ell,i}(k) + (1 - \xi_\ell \xi_{\ell-1}) u^{\ell,i}(k) \qquad (2.78)$$

$$\widetilde{y}^{\ell,i}(k) = x^{\ell,i}(k) - \xi_{\ell-1} u^{\ell,i}(k) \qquad (2.79)$$

Les matrices associées à la représentation d'état sont données par

$$(a^{\ell,i}, b^{\ell,i}, c^{\ell,i}, d^{\ell,i},) = (\xi_\ell, (1 - \xi_\ell \xi_{\ell-1}), 1, -\xi_{\ell-1}) \qquad (2.80)$$

Définissons

$$x^\ell(k) = \left[x^{\ell,1}(k),\, x^{\ell,2}(k),\, \ldots,\, x^{\ell,r}(k) \right]^T,$$

$$\widetilde{y}^\ell(k) = \left[\widetilde{y}^{\ell,1}(k),\, \widetilde{y}^{\ell,2}(k),\, \ldots,\, \widetilde{y}^{\ell,r}(k) \right]^T,$$

$$u^\ell(k) = \left[u^{\ell,1}(k),\, u^{\ell,2}(k),\, \ldots,\, u^{\ell,r}(k) \right]^T,$$

Ces vecteurs forment un bloc relatif aux ℓ ième filtres et donnant la représentation d'état sous la forme matricielle suivante :

$$x^\ell(k+1) = A^\ell x^\ell(k) + B^\ell u^\ell(k)$$

$$\widetilde{y}^\ell(k) = C^\ell x^\ell(k) + D^\ell u^\ell(k)$$

où

$$A^\ell = \begin{bmatrix} a^{\ell,1} & 0 & \cdots & 0 \\ 0 & a^{\ell,2} & \cdots & 0 \\ \vdots & \vdots & \ddots & \vdots \\ 0 & 0 & \cdots & a^{\ell,r} \end{bmatrix}, \quad B^\ell = \begin{bmatrix} b^{\ell,1} & 0 & \cdots & 0 \\ 0 & b^{\ell,2} & \cdots & 0 \\ \vdots & \vdots & \ddots & \vdots \\ 0 & 0 & \cdots & b^{\ell,r} \end{bmatrix}$$

$$C^\ell = \begin{bmatrix} c^{\ell,1} & 0 & \cdots & 0 \\ 0 & c^{\ell,2} & \cdots & 0 \\ \vdots & \vdots & \ddots & \vdots \\ 0 & 0 & \cdots & c^{\ell,r} \end{bmatrix}, \quad D^\ell = \begin{bmatrix} d^{\ell,1} & 0 & \cdots & 0 \\ 0 & d^{\ell,2} & \cdots & 0 \\ \vdots & \vdots & \ddots & \vdots \\ 0 & 0 & \cdots & d^{\ell,r} \end{bmatrix}$$

Le réseau de la figure (2.2) peut se mettre selon p sections en cascade et la représentation d'état correspondante est :

$$X(k+1) = AX(k) + B\underline{u}(k)$$

$$\widetilde{\underline{y}}(k) = CX(k) + D\underline{u}(k)$$

avec

$$X(k) = \left([x^0(k)]^T,\ [x^1(k)]^T,\ \ldots,\ [x^{p-1}(k)]^T\right)^T,$$

$$\widetilde{\underline{y}}(k) = \left([\widetilde{y}^0(k)]^T,\ [\widetilde{y}^1(k)]^T,\ \ldots,\ [\widetilde{y}^{p-1}(k)]^T\right)^T,$$

et A, C sont deux matrices carrées de dimension $(pr \times pr)$ et B, D sont deux matrices de dimension $(pr \times r)$. Ces matrices sont données par

$$A = \begin{pmatrix} A^0 & 0 & \cdots & 0 \\ B^1C^0 & A^1 & \cdots & 0 \\ B^2D^1C^0 & B^2C^1 & \cdots & 0 \\ B^3D^2D^1C^0 & B^3D^2C^1 & \cdots & 0 \\ \vdots & \vdots & \ddots & \vdots \\ B^{p-1}D^{p-2}\ldots D^1C^0 & B^{p-1}D^{p-2}\ldots D^2C^1 & \cdots & A^{p-1} \end{pmatrix} \qquad (2.81)$$

$$B = \begin{bmatrix} B^0 \\ B^1D^0 \\ B^2D^1D^0 \\ \vdots \\ B^{p-1}D^{p-2}\ldots D^1D^0 \end{bmatrix} \quad ; \quad D = \begin{bmatrix} D^0 \\ D^1D^0 \\ D^2D^1D^0 \\ \vdots \\ D^{p-1}D^{p-2}\ldots D^1D^0 \end{bmatrix}$$

$$C = \begin{pmatrix} C^0 & 0 & \cdots & 0 \\ D^1C^0 & C^1 & \cdots & 0 \\ D^2D^1C^0 & D^2C^1 & \cdots & 0 \\ D^3D^2D^1C^0 & D^3D^2C^1 & \cdots & 0 \\ \vdots & \vdots & \ddots & \vdots \\ D^{p-1}D^{p-2}\ldots D^1C^0 & D^{p-1}D^{p-2}\ldots D^2C^1 & \cdots & C^{p-1} \end{pmatrix} \qquad (2.82)$$

Or suite aux définitions des matrices $a^{\ell,i}$, $b^{\ell,i}$, $c^{\ell,i}$ et $d^{\ell,i}$, pour $\ell = 1, \ldots, p-1$ les expressions des matrices A^ℓ, B^ℓ, C^ℓ et D^ℓ se simplifient à

$$A^\ell = \xi_\ell I_r$$

$$B^\ell = (1 - \xi_\ell \xi_{\ell-1})I_r$$

$$C^\ell = I_r$$

$$D^\ell = -\xi_{\ell-1}I_r$$

Le cas où $\ell = 0$ est différent. Les quadruplet $(A^0, B^0, C^0, D^0) = (\xi_0 I_r, I_r, I_r, 0_r)$. Ceci simplifie les expressions de B et D en:

$$B = \begin{bmatrix} I_r \\ 0_r \\ \vdots \\ 0_r \end{bmatrix} \in \mathbb{R}^{pr \times r} \tag{2.83}$$

$$D = \begin{bmatrix} 0_r \\ \vdots \\ 0_r \end{bmatrix} \in \mathbb{R}^{pr \times r} \tag{2.84}$$

où 0_r est une matrice $(r \times r)$ contenant des zéros. En considérant

$$\widehat{y}^{\ell,i}(k) = \sqrt{1 - \xi_\ell^2} \ \widetilde{y}^{\ell,i}(k)$$

alors

$$\widehat{y}^\ell(k) = \sqrt{1 - \xi_\ell^2} \ \widetilde{y}^\ell(k) \quad \in \mathbb{R}^{pr}$$

d'où

$$\widehat{\underline{y}}(k) = \begin{bmatrix} \widehat{y}^0(k) \\ \widehat{y}^1(k) \\ \vdots \\ \widehat{y}^{p-1}(k) \end{bmatrix} = (\Xi \otimes I_r)\widetilde{\underline{y}}(k)$$

où Ξ est une matrice carrée de dimension $(p \times p)$ donnée par la relation suivante:

$$\Xi = \begin{bmatrix} \sqrt{1 - \xi_0^2} & 0 & \cdots & 0 \\ 0 & \sqrt{1 - \xi_1^2} & \cdots & 0 \\ \vdots & \vdots & \ddots & \vdots \\ 0 & 0 & \cdots & \sqrt{1 - \xi_{p-1}^2} \end{bmatrix} \tag{2.85}$$

La s ième sortie sera donnée par :

$$y_s(k) = \sum_{\ell=0}^{p-1} \begin{bmatrix} \theta_\ell^{s1} & \theta_\ell^{s2} & \cdots & \theta_\ell^{sr} \end{bmatrix} \widehat{y}^\ell(k)$$

$$= \begin{bmatrix} \underline{\theta}_0^s & \underline{\theta}_1^s & \cdots & \underline{\theta}_{p-1}^s \end{bmatrix} \widehat{\underline{y}}(k)$$

avec $\underline{\theta}_\ell^s = [\theta_\ell^{s1}\ \theta_\ell^{s2}\ \cdots\ \theta_\ell^{sr}]$

Le vecteur de sortie sera défini comme suit :

$$\underline{y}(k) = \begin{bmatrix} y_1(k) \\ y_2(k) \\ \vdots \\ y_m(k) \end{bmatrix} = \begin{bmatrix} \underline{\theta}_0^1 & \underline{\theta}_1^1 & \cdots & \underline{\theta}_{p-1}^1 \\ \underline{\theta}_0^2 & \underline{\theta}_1^2 & \cdots & \underline{\theta}_{p-1}^2 \\ \vdots & \vdots & \ddots & \vdots \\ \underline{\theta}_0^m & \underline{\theta}_1^m & \cdots & \underline{\theta}_{p-1}^m \end{bmatrix} \widehat{\underline{y}}_k = \Theta^T \widehat{\underline{y}}(k) = \Theta^T (\Xi \otimes I_r)\, C X(k)$$

Ainsi la représentation d'état des systèmes MIMO utilisant les bases orthogonales avec des pôles fixes est donnée par le quadruplet suivant :

$$(A,\ B,\ \Theta^T(\Xi \otimes I_r)\ C, 0) \tag{2.86}$$

où les matrices A, B, C et Ξ sont définies respectivement par les relations (2.81), (2.83), (2.82) et (2.85).

2.5 Modélisation des systèmes MISO sur les BOG

2.5.1 Décomposition du système MIMO

Le problème d'identification d'un système multivariable (MIMO) peut se diviser en plusieurs problèmes d'identification de systèmes MISO (multi-input single-output). Un système multivariable, ayant r entrées $u_1, \ldots, u_r$ et m sorties $y_1, \ldots, y_m$ peut être représenté par une collection de m systèmes multi-entrées mono-sortie (MISO) comme le montre la figure (2.3)

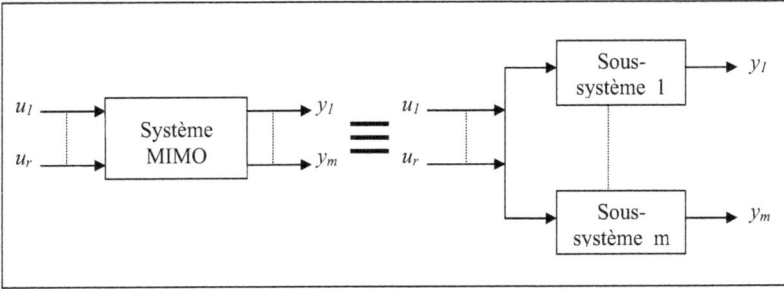

FIG. 2.3 – *Représentation d'un système MIMO par une collection de système MISO*

Pour chaque sous-système s, $(s = 1, \ldots, m)$, on adopte sa modélisation sur les bases orthogonales et sa sortie peut être déduite à partir de la transformée en Z de l'expression (2.48) :

$$Y_s(z) = \sum_{j=1}^{r} G_{sj}(z)U_j(z) + V_s(z) \tag{2.87}$$

Où $Y_s(z)$, $U_j(z)$ et $V_s(z)$ représentent respectivement la transformée en Z de la sortie $y_s(k)$, la transformée en Z de l'entrée $u_j(k)$ et la transformée en Z de la variable aléatoire $v_s(k)$. Chacune des entrées U_j est reliée à la sortie Y_s par une fonction de transfert $G_{sj}(z)$ comme l'illustre la figure suivante

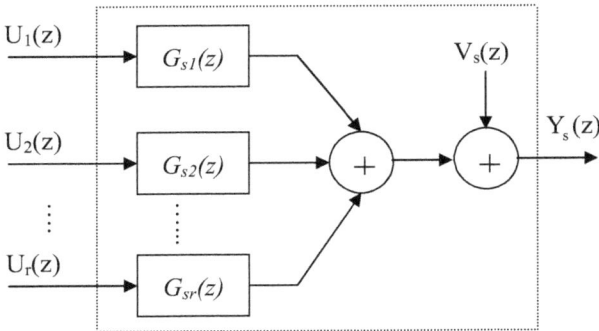

FIG. 2.4 – *Système multi-entrées mono-sortie (MISO)*

Chacune des fonctions de transfert $G_{sj}(z)$ peut être modélisée sur la base de $(N_{sj} + 1)$ filtres orthogonaux :

$$G_{sj}(z) = \sum_{n=0}^{N_{sj}} \theta_n^{sj} \, B_n^{sj}(z, \underline{\xi}_n^{sj}) \tag{2.88}$$

Où $\{\theta_n^{sj}\}$ sont les coefficients de Fourier et $B_n^{sj}(z, \underline{\xi}_n^{sj})$ représente l'expression générale des fonctions de la base orthogonale généralisée définie dans le cas des pôles réels par :

$$B_n^{sj}(z, \underline{\xi}_n^{sj}) = \frac{\sqrt{1 - (\xi_n^{sj})^2}}{z - \xi_n^{sj}} \prod_{k=0}^{n-1} \left(\frac{1 - \xi_k^{sj} z}{z - \xi_k^{sj}} \right) \tag{2.89}$$

et $\underline{\xi}_n^{sj} = \begin{bmatrix} \xi_0^{sj} & \cdots & \xi_{N_{sj}}^{sj} \end{bmatrix}^T$

2.5.2   Représentation en espace d'état des systèmes MISO

En tenant compte de l'expression de chaque fonction de transfert donnée par (2.88), la transformée inverse en Z de la relation (2.87) s'écrit :

$$y_s(k) = \sum_{j=1}^{r} \sum_{n=0}^{N_{sj}} \theta_n^{sj} \, b_n^{sj}(k, \underline{\xi}_n^{sj}) * u_j(k) + v_s(k) \tag{2.90}$$

avec $*$ est le produit de convolution et $b_n^{sj}(k, \underline{\xi}_n^{sj}) = Z^{-1}\{B_n^{sj}(z, \underline{\xi}_n^{sj})\}$.

On note $x_n^{sj}(k) = b_n^{sj}(k, \underline{\xi}_n^{sj}) * u_j(k)$, la sortie du n ième filtre associée à l'entrée u_j.
On peut exprimer la sortie du s ième sous-système MISO comme suit :

$$y_s(k) = \sum_{j=1}^{r} \underline{x}^{sj}(k) \, \underline{\theta}^{sj} + v_s(k) \tag{2.91}$$

avec $\underline{x}^{sj}(k) = \begin{bmatrix} x_0^{sj}(k) & x_1^{sj}(k) & \cdots & x_{N_{sj}}^{sj}(k) \end{bmatrix}$ et $\underline{\theta}^{sj} = \begin{bmatrix} \theta_0^{sj} & \theta_1^{sj} & \cdots & \theta_{N_{sj}}^{sj} \end{bmatrix}^T$ sont respectivement les sorties des filtres de la BOG et les coefficients de Fourier associés à la sortie y_s et l'entrée u_j. Ainsi pour j donné dans l'expression (2.91), on garde le même développement étudié dans la section 1.3.5.4.

On peut écrire la représentation d'état du s ième sous-système MISO comme suit :

$$X_s(k+1) = A_s X_s(k) + B_s \underline{u}(k) \tag{2.92}$$

$$y_s(k) = C_s X_s(k) + v_s(k) \tag{2.93}$$

avec $\underline{u}(k)$ le vecteur des entrées de dimension r défini comme suit :

$$\underline{u}(k) = [\ u_1(k)\ \ u_2(k)\ \ \cdots\ \ u_r(k)\ ]^T$$

$X_s(k)$ est le vecteur d'état de dimension $\sum_{j=1}^{r}(N_{sj}+1)$, défini Comme suit :

$$X_s(k) = [\ \underline{x}^{s1}(k)\ \ \underline{x}^{s2}(k)\ \ \cdots\ \ \underline{x}^{sr}(k)\ ]^T$$

C_s est le vecteur des paramètres de dimension $\sum_{j=1}^{r}(N_{sj}+1)$ défini par

$$C_s = \left[\ [\underline{\theta}^{s1}]^T\ \ [\underline{\theta}^{s2}]^T\ \ \cdots\ \ [\underline{\theta}^{sr}]^T\ \right] \tag{2.94}$$

A_s et B_s sont des matrices constantes de dimensions respectives $\sum_{j=1}^{r}(N_{sj}+1) \times \sum_{j=1}^{r}(N_{sj}+1)$

et $\sum_{j=1}^{r}(N_{sj}+1) \times r$ définies ainsi :

$$A_s = \begin{bmatrix} A^{s1} & 0 & \cdots & 0 \\ 0 & A^{s2} & \cdots & 0 \\ \vdots & 0 & \ddots & \vdots \\ 0 & 0 & \cdots & A^{sr} \end{bmatrix}, B_s = \begin{bmatrix} B^{s1} & 0 & \cdots & 0 \\ 0 & B^{s2} & \cdots & 0 \\ \vdots & 0 & \ddots & \vdots \\ 0 & 0 & \cdots & B^{sr} \end{bmatrix} \tag{2.95}$$

et les matrices A^{sj} et B^{sj} pour $j = 1, \ldots, r$ peuvent être déduites de la section 1.3.5.4

$$A^{sj} = \begin{bmatrix} a_{11}^{sj} & 0 & 0 & \cdots & 0 \\ a_{21}^{sj} & a_{22}^{sj} & 0 & \cdots & 0 \\ a_{31}^{sj} & a_{32}^{sj} & a_{33}^{sj} & \cdots & 0 \\ \vdots & \vdots & \vdots & \ddots & \vdots \\ a_{N_{sj}+1\ 1}^{sj} & a_{N_{sj}+1\ 2}^{sj} & a_{N_{sj}+1\ 3}^{sj} & \cdots & a_{N_{sj}+1\ N_{sj}+1}^{sj} \end{bmatrix}, B^{sj} = \begin{bmatrix} b_1^{sj} \\ b_2^{sj} \\ b_3^{sj} \\ \vdots \\ b_{N_{sj}+1}^{sj} \end{bmatrix} ; \tag{2.96}$$

et pour $\ell = 1, \ldots, N_{sj}$ et $q = 1, \ldots, N_{sj}$ on a :

$a_{\ell q}^{sj} = \xi_{\ell-1}^{sj}$ pour $\ell = q$ \qquad ξ_ℓ^{sj} étant le pôle du ℓ ième filtre relatif à la j ième entrée.

$a_{\ell q}^{sj} = \left(1 - (\xi_{q-1}^{sj})^2\right) T_q$, pour $\ell = q + 1$

$$a_{\ell q}^{sj} = (-1)^{\ell-q+1} \left(1 - (\xi_{q-1}^{sj})^2\right) \prod_{k=q}^{\ell-1} T_k \prod_{k=q+1}^{\ell-1} \xi_{k-1}^{sj} \text{ , pour } \ell > q+1$$

$$b_1^{sj} = \sqrt{1 - (\xi_0^{sj})^2}$$

$$b_\ell^{sj} = (-1)^{\ell+1} \sqrt{1 - (\xi_0^{sj})^2} \left(\prod_{k=1}^{\ell-1} T_k \, \xi_{k-1}^{sj}\right) \text{ , pour } \ell > 1$$

$$T_k = \frac{\sqrt{1 - (\xi_k^{sj})^2}}{\sqrt{1 - (\xi_{k-1}^{sj})^2}}$$

2.5.3 Conclusion

Les systèmes MIMO traités dans ce chapitre sont linéaires, invariants dans le temps (LTI). Ils sont décrits par une matrice de transfert dont sa décomposition sur des bases orthogonales fournit une représentation d'état. Vu la taille relativement large du modèle du système MIMO, on a réduit cette taille par sa décomposition en plusieurs sous systèmes MISO et on a développé la representation d'état associée à chaque sous système MISO. Dans cette représentation une écriture linéaire en vecteur des paramètres a été développée, celle-ci sera exploitée pour l'identification robuste.

Chapitre 3

Identification des systèmes MISO

3.1 Introduction

Ce chapitre traite de l'identification des systèmes MISO développés sur la base orthogonale généralisée (BOG). Deux volets vont être considérés, il s'agit de l'identification de la structure du modèle obtenu (pôles de la base et ordre de troncature) ainsi que l'identification de ses paramètres (coefficients de Fourier). Il est à noter que le modèle est non linéaire par rapport aux pôles de la base alors qu'il l'est vis-à-vis des coefficients de Fourier. Dans l'objectif de la réduction du nombre des coefficients du modèle, on est amené à déterminer les valeurs optimales des pôles. A ce propos on propose une nouvelle méthode pour le calcul de ces valeurs. La structure étant déterminée, on procède au deuxième volet où l'on mettra à jour le domaine d'appartenance des coefficients du modèle résultant. Trois domaines ont été adressés, il s'agit du polytope, de l'orthotope et de l'ellipsoïde.

Dans le deuxième paragraphe de ce chapitre on s'intéresse à l'optimisation des pôles de la base BOG où l'on énumère les conditions d'optimalité et les méthodes de résolution du problème d'optimisation et on termine par la présentation de la nouvelle méthode proposée pour la sélection des pôles optimaux qui sera validée en simulation sur quatre exemples.

Le troisième paragraphe aura pour objet l'actualisation des domaines d'appartenance des paramètres du modèle résultant de la décomposition du système MISO sur la base BOG. Trois approches sont présentées, il s'agit de l'approche polytopique, de ll'approche orthotopique et de l'approche ellipsoïdale. Les résultats de simulation termine ce chapitre et permettent la validation des méthodes proposées.

3.2   Optimisation des pôles de la BOG

Les filtres de Laguerre, de Kautz à deux paramètres et de la base orthogonale généralisée (BOG) étudiés précédemment dépendent essentiellement d'un, de deux ou d'une multitude de pôles. Or ces pôles interviennent de façon non linéaire dans les fonctions définissant ces filtres (contrairement aux coefficients de Fourier) et conditionnent par conséquent leurs performances. En effet la valeur du pôle définissant le filtre détermine la valeur de l'ordre de troncature minimale sans toutefois trop altérer la qualité de l'approximation. Par conséquent afin de mieux situer les dynamiques du système et de permettre un choix optimal et adéquat des pôles deux approches d'estimation des pôles sont recommandées.

    – Approches non analytiques où les pôles sont estimés implicitement en cherchant les pôles optimaux satisfaisant une certaine condition sur les coefficients de Fourier.

    – Approches analytiques nécessitant la connaissance de la réponse impulsionnelle du système (cas du filtre de Laguerre)

Les équations algébriques dont les solutions représentent des choix optimaux sont connues dans la littérature sous le nom de Conditions d'Optimalité (CO) et feront l'objectif du paragraphe suivant.

3.2.1   Conditions d'Optimalité

On retrouve, dans la littérature, de nombreux travaux concernant l'identification des systèmes monovariables par les filtres de Laguerre et les filtres de Kautz. Un des problèmes cruciaux concernant ces deux bases de fonctions concerne l'optimisation des pôles. En effet, plusieurs auteurs [Lindskog, 1996], [Wahlberg, 1991],... s'accordent à dire qu'il suffit de choisir le pôle de Laguerre (ou ceux de Kautz) à proximité des pôles dominants du système. Cette approximation paraît facile si on connaît la fonction de transfert du système, mais la question se pose dans le cas contraire : comment connaître ces pôles dominants à partir de la seule connaissance des signaux d'entrée-sortie ?

Les filtres de Laguerre ayant un pôle unique, leur CO s'expriment sous la forme d'une équation unique. De même, puisque les filtres de Kautz possèdent deux pôles complexes conjugués, leurs CO s'expriment sous la forme d'un système de deux équations, dont les solutions fournissent les parties réelles et imaginaires des pôles de Kautz optimaux. En ce qui concerne les filtres de la BOG, le raisonnement est un peu différent, puisque le nombre de pôles à optimiser n'est pas constant, mais dépend exclusivement de l'ordre de troncature N_{sj} suite à la décomposition de la fonction de transfert $G_{sj}(z)$ liant la s ième sortie à la j ième entrée, car à chaque ajout d'un filtre, un pôle supplémentaire, qui est a priori différent des précédents, est introduit.

En conséquence, les CO s'écrivent nécessairement sous la forme d'un système de $N_{sj} + 1$ équations (voire plusieurs systèmes indépendants) à $N_{sj} + 1$ pôles, dont les solutions représentent les optima recherchés. Pour revenir à la formulation du problème, quelques définitions et rappels sont nécessaires.

Commençons par poser $\{B_n^{sj}(z)\}_{n=0}^{\infty}$ comme étant des fonctions issues de l'une des trois bases orthogonales précitées, à savoir, la base de Laguerre, la base de Kautz et la BOG et θ_n^{sj} comme étant le coefficient de Fourier associé à la décomposition d'une fonction de transfert $G_{sj}(z)$, sur $\{B_n^{sj}(z)\}_{n=0}^{\infty}$. Rappelons que toute fonction de transfert peut s'écrire de façon exacte en terme d'une infinité de fonctions issues de l'une des bases considérées.

$$G_{sj}(z) = \sum_{n=0}^{\infty} \theta_n^{sj} B_n^{sj}(z, \underline{\xi}_n^{sj}) \tag{3.1}$$

En réalité, cette représentation est souvent tronquée à un nombre fini de termes N_{sj}, car la convergence des coefficients de Fourier et celle de la série des fonctions $B_n^{sj}(z)$ le permet. Cependant, la qualité de l'approximation dépend fortement du (des) pôle(s) de la base utilisée. L'erreur quadratique moyenne (MSE : Mean Squared Error) commise à chaque troncature, que l'on notera $J_{N_{sj}}(\underline{\xi}_{N_{sj}}^{sj})$, dépend essentiellement du choix du (des) pôle(s), car les coefficients, s'exprimant de façon linéaire, sont directement calculés par la projection de $G_{sj}(z)$ sur chacune des fonctions $B_n^{sj}(z)$. La MSE s'écrit, en fonction de l'erreur de troncature $E_{N_{sj}}$:

$$J_{N_{sj}}(\underline{\xi}_{N_{sj}}^{sj}) = \| E_{N_{sj}}(z, \underline{\xi}_{N_{sj}}^{sj}) \|^2 = \left\langle E_{N_{sj}}(z, \underline{\xi}_{N_{sj}}^{sj}), E_{N_{sj}}(z, \underline{\xi}_{N_{sj}}^{sj}) \right\rangle \tag{3.2}$$

où $\underline{\xi}_{N_{sj}}^{sj}$ est un vecteur de dimension $(N_{sj} + 1)$ contenant les pôles de la base et $E_N(z, \underline{\xi}_{N_{sj}}^{sj})$ est définie par :

$$E_{N_{sj}}(z, \underline{\xi}_{N_{sj}}^{sj}) = G_{sj}(z) - \sum_{n=0}^{N_{sj}} \theta_n^{sj}(\underline{\xi}_n^{sj}) B_n^{sj}(z, \underline{\xi}_n^{sj}) \tag{3.3}$$

ou encore

$$E_{N_{sj}}(z, \underline{\xi}_{N_{sj}}^{sj}) = \sum_{n=N_{sj}+1}^{\infty} \theta_n^{sj}(\underline{\xi}_n^{sj}) B_n^{sj}(z, \underline{\xi}_n^{sj}) \tag{3.4}$$

et $\underline{\xi}_n^{sj}$ est le vecteur de pôles de dimension $(n+1)$.

Le problème d'optimisation consiste donc à trouver le(s) pôle(s) de chacune des bases qui minimise (ent) la MSE définie par (3.2). Ainsi, on recherche le(s) pôle(s) qui vérifie (ent):

$$\min_{\underline{\xi}_{N_{sj}}^{sj}}\{J_{N_{sj}}(\underline{\xi}_{N_{sj}}^{sj})\} \tag{3.5}$$

D'après la relation (1.37), la relation (3.2) peut s'écrire comme suit :

$$J_{N_{sj}}(\underline{\xi}_{N_{sj}}^{sj}) = \parallel g \parallel^2 - \sum_{n=0}^{N_{sj}} [\theta_n^{sj}(\underline{\xi}_n^{sj})]^2 \tag{3.6}$$

où g est le vecteur de la réponse impulsionnelle du système.

Ainsi, le problème de minimisation du critère (3.5) peut également être vu comme un problème de maximisation de l'énergie du développement [Malti, 1999] :

$$\max_{\underline{\xi}_{N_{sj}}^{sj}}\left\{ \sum_{n=0}^{N_{sj}} [\theta_n^{sj}(\underline{\xi}_n^{sj})]^2 \right\} \tag{3.7}$$

A partir de la relation (3.2) la MSE atteint son minimum si :

$$\frac{\partial J_{N_{sj}}(\underline{\xi}_{N_{sj}}^{sj})}{\partial \underline{\xi}_{N_{sj}}^{sj}} = 2 \left\langle \frac{\partial E_{N_{sj}}(z,\underline{\xi}_{N_{sj}}^{sj})}{\partial \underline{\xi}_{N_{sj}}^{sj}}, E_{N_{sj}}(z,\underline{\xi}_{N_{sj}}^{sj}) \right\rangle = 0 \tag{3.8}$$

De même à partir de la relation (3.6), on a :

$$\frac{\partial J_{N_{sj}}(\underline{\xi}_{N_{sj}}^{sj})}{\partial \underline{\xi}_{N_{sj}}^{sj}} = -2 \sum_{n=0}^{N_{sj}} \theta_n^{sj}(\underline{\xi}_n^{sj}) \frac{\partial \theta_n^{sj}(\underline{\xi}_n^{sj})}{\partial \underline{\xi}_n^{sj}} = 0 \tag{3.9}$$

Notons que la condition (3.8) ou (3.9) est moins contraignante que (3.7) ou (3.5), car elle n'est pas seulement valable pour le minimum global de la MSE par rapport au(x) pôle(s), mais également pour tous les minima et maxima locaux, tout comme pour les points selles (en présence d'un pôle unique ce sont les points pour lesquels les deux premières dérivées de la fonction s'annulent, alors qu'en présence de plusieurs pôles c'est la définition tout à fait classique des points pour lesquels la fonction présente des maxima par rapport à certaines variables et des minima par rapport à d'autres).

Le problème d'établir les CO revient donc à simplifier l'une des relations (3.8) ou (3.9),

dans le but de les résoudre, ce qui revient à trouver les équations algébriques, qui simplifient les équations différentielles (3.8) ou (3.9) et dont les solutions représentent les points
stationnaires du critère (3.6), par rapport au(x) pôle(s). Il est évident que l'évaluation du
critère sur tous ces optima permet, par la suite, de dégager le minimum global.

Toutes les méthodes de détermination des CO des différents filtres de Laguerre et de Kautz
ont été présentées par [Malti, 1999] afin d'établir ses propres méthodes de détermination
des CO des filtres issus de la BOG. Ces méthodes consistent à exprimer soit la dérivée
de $E_{N_{sj}}$ par rapport au(x) pôle(s) en termes des fonctions de la base orthogonale soit la
dérivée des coefficients de Fourier en terme d'autres coefficients de Fourier [Malti, 1999].

3.2.2   Méthodes graphiques d'optimisation [Ngia, 2000]

Cette méthode consiste à discrétiser l'espace paramétrique $]-1,1[$ associé au pôle en
P valeurs possibles ξ_i^{sj} ($i = 1,\ldots,P$) appartenant à la fonction de transfert qui relie la
sortie s par l'entrée j. Le pôle optimal ξ_{opt}^{sj} est choisi comme la valeur ξ_i^{sj} qui minimise
l'erreur quadratique moyenne normalisée J entre la sortie du système et celle du modèle
développé sur la base de fonctions orthogonale. Le critère J est défini pour toute valeur
ξ_i^{sj} comme suit :

$$J(\xi_i^{sj}) = \frac{\sum_{k=1}^{K} \left[y(k) - \widehat{y}_i(k,\xi_i^{sj})\right]^2}{\sum_{k=1}^{K} \left[y(k)\right])^2} \tag{3.10}$$

Où $y(k)$ est la sortie du système, $\widehat{y}_i(k,\xi_i^{sj})$ est la sortie du modèle BOG associé au pôle
ξ_i^{sj} attaquée par la même entrée et K le nombre de mesures utilisées. On aura alors :

$$\xi_{opt}^{sj} = arg\min_{\xi_i^{sj}}(J(\xi_i^{sj})); \ i = 1,\ldots,P \tag{3.11}$$

3.2.3   Méthodes itératives d'optimisation [Malti, 1999]

D'autres méthodes non analytiques sont mises au point afin d'assurer une résolution
numérique itérative des problèmes non linéaires d'optimisation. Ces méthodes exploitent
les informations locales des dérivés successives de l'erreur quadratique J afin de localiser
un minimum.

$$J = \sum_{k=1}^{\infty} \left[\underbrace{y(k) - \widehat{y}(k)}_{e(k)} \right]^2 \tag{3.12}$$

avec

$$\widehat{y}(k) = \sum_{n=0}^{N_{sj}} \theta_n^{sj} b_n^{sj}(k, \underline{\xi}_n^{sj}) * u_j(k) \tag{3.13}$$

avec $*$ le produit de convolution et $b_n^{sj}(k, \underline{\xi}_n^{sj}) = Z^{-1}\{B_n^{sj}(z, \underline{\xi}_n^{sj})\}$.

Ces méthodes convergent indifféremment vers un minimum local ou global de l'hyper-surface d'erreur.

Le critère d'approximation J correspond au carré de la norme du vecteur contenant les composantes de l'erreur de prédiction $e(k)$, $k = 1, \ldots$.

$$J = \|e\|^2 = <e, e> \tag{3.14}$$

avec $e = \begin{bmatrix} e(1) & e(2) & \ldots & e(H) \end{bmatrix}^T$

Puisqu'en pratique, le nombre de données est limité et que les systèmes sont BIBO stables (entrée bornée sortie bornée), ce critère, tout comme le produit scalaire, sont souvent calculés sur un horizon fini, allant de 1 à K par exemple :

$$J = \sum_{k=1}^{K} [y(k) - \widehat{y}(k)]^2 = \sum_{k=1}^{K} [e(k)]^2 \tag{3.15}$$

Puisque le critère (3.15) est quadratique, on préfère souvent l'écriture matricielle

$$J = e^T e \tag{3.16}$$

Parmi les méthodes itératives d'optimisation se distinguent les méthodes dites de premier ordre (algorithme du gradient) et celle dites de second ordre (algorithme de Gauss-Newton). On s'intéresse à l'optimisation des pôles de la base orthogonale généralisée.

3.2.3.1   Algorithme du gradient

Cet algorithme est basé sur le développement en série de Taylor limité à l'ordre 1 du critère quadratique, évalué à partir du vecteur des pôles $\widehat{\underline{\xi}}_{(i)}^{sj}$ obtenu à l'instant i et pour des variations des pôles $\triangle\widehat{\underline{\xi}}_{(i)}^{sj}$ suffisamment faibles :

$$J\left(\widehat{\underline{\xi}}_{(i+1)}^{sj}\right) = J\left(\widehat{\underline{\xi}}_{(i)}^{sj} + \triangle\widehat{\underline{\xi}}_{(i)}^{sj}\right) = J\left(\widehat{\underline{\xi}}_{(i)}^{sj}\right) + \left[\frac{\partial J(\underline{\xi}^{sj})}{\partial(\underline{\xi}^{sj})}\bigg|_{\underline{\xi}^{sj}=\widehat{\underline{\xi}}_{(i)}^{sj}}\right]^{T}\triangle\widehat{\underline{\xi}}_{(i)}^{sj} + O\left(\triangle\widehat{\underline{\xi}}_{(i)}^{sj}\right) \quad (3.17)$$

Pour minimiser J, il faut choisir $\triangle\widehat{\underline{\xi}}_{(i)}^{sj}$ colinéaire avec le gradient de J, mais dans le sens opposé. On peut donc écrire :

$$\widehat{\underline{\xi}}_{(i+1)}^{sj} = \widehat{\underline{\xi}}_{(i)}^{sj} - \mu\frac{\partial J(\underline{\xi}^{sj})}{\partial\underline{\xi}^{sj}}\bigg|_{\underline{\xi}^{sj}=\widehat{\underline{\xi}}_{(i)}^{sj}} \quad (3.18)$$

Le pas μ peut être adapté, en fonction de la vitesse de convergence : si l'algorithme est lent μ est augmenté, s'il oscille autour de la solution ou s'il diverge μ est diminué. Le calcul du gradient se fait en différentiant $J = e^T e$ par rapport au vecteur des pôles :

$$\frac{\partial J}{\partial\underline{\xi}^{sj}} = 2\frac{\partial e^T}{\partial\underline{\xi}^{sj}}e \quad (3.19)$$

3.2.3.2   Algorithme de Gauss-Newton

Cet algorithme est une extension de celui du gradient où le développement sera limité à l'ordre 2. Le critère J à l'itération $i+1$ s'écrit :

$$J\left(\widehat{\underline{\xi}}_{(i+1)}^{sj}\right) = J\left(\widehat{\underline{\xi}}_{(i)}^{sj} + \triangle\widehat{\underline{\xi}}_{(i)}^{sj}\right)$$

$$\approx J\left(\widehat{\underline{\xi}}_{(i)}^{sj}\right) + \left[\frac{\partial J(\underline{\xi}^{sj})}{\partial\underline{\xi}^{sj}}\bigg|_{\underline{\xi}^{sj}=\widehat{\underline{\xi}}_{(i)}^{sj}}\right]^{T}\triangle\widehat{\underline{\xi}}_{(i)}^{sj} \quad (3.20)$$

$$+\tfrac{1}{2}[\triangle\widehat{\underline{\xi}}_{(i)}^{sj}]^{T}\left[\frac{\partial^2 J(\underline{\xi}^{sj})}{[\partial\underline{\xi}^{sj}]^{T}\partial\underline{\xi}^{sj}}\bigg|_{\underline{\xi}^{sj}=\widehat{\underline{\xi}}_{(i)}^{sj}}\right]\triangle\widehat{\underline{\xi}}_{(i)}^{sj} + O\left(\triangle\widehat{\underline{\xi}}_{(i)}^{sj}\right)$$

L'expression du pôle à l'itération $(i+1)$ en fonction de l'itération précédente est donnée par :

$$\widehat{\underline{\xi}}_{(i+1)}^{sj} = \widehat{\underline{\xi}}_{(i)}^{sj} - \mu\left|\frac{\partial^2 J(\underline{\xi}^{sj})}{[\partial\underline{\xi}^{sj}]^{T}\partial\underline{\xi}^{sj}}\right|_{\underline{\xi}^{sj}=\widehat{\underline{\xi}}_{(i)}^{sj}}^{-1}\left(\frac{\partial J(\underline{\xi}^{sj})}{[\partial\underline{\xi}^{sj}]^{T}}\bigg|_{\underline{\xi}^{sj}=\widehat{\underline{\xi}}_{(i)}^{sj}}\right) \quad (3.21)$$

Le paramètre μ a pour rôle d'atténuer ou d'amplifier l'effet de l'inverse du Hessien

$\left[\dfrac{\partial^2 J(\xi^{sj})}{[\partial \underline{\xi}^{sj}]^T \partial \underline{\xi}^{sj}} \right]^{-1}$. Le Hessien peut être évalué en différentiant le gradient (3.19) par rapport au vecteur de pôles :

$$\frac{\partial^2 J}{[\partial \underline{\xi}^{sj}]^T \partial \underline{\xi}^{sj}} = 2 \frac{\partial e}{[\partial \underline{\xi}^{sj}]^T} \frac{\partial e}{\partial \underline{\xi}^{sj}} + \frac{\partial^2 e^T}{[\partial \underline{\xi}^{sj}]^T \partial \underline{\xi}^{sj}} e \tag{3.22}$$

Toutefois, signalons que la propriété inhérente à ce type d'algorithme est que seule la convergence vers un minimum local est garantie et que pour obtenir un minimum global il faut recommencer l'itération avec différentes valeurs initiales du pôle.

A partir de la relation (3.22), on peut approcher le Hessien [Malti, 1999] en éliminant le deuxième terme du membre de droite de la relation (3.22). Cette méthode est d'autant plus justifiée que l'erreur e est petite quand on s'approche de la solution. Le calcul du Hessien approché s'effectue donc à partir de la seule connaissance des fonctions de sensibilité du premier ordre, déjà utilisées pour le calcul du gradient :

$$\frac{\partial^2 J^{app}}{[\partial \underline{\xi}^{sj}]^T \partial \underline{\xi}^{sj}} = 2 \frac{\partial e}{[\partial \underline{\xi}^{sj}]^T} \frac{\partial e}{\partial \underline{\xi}^{sj}} \tag{3.23}$$

où J^{app} désigne l'approximé de J.

Calcul du gradient [Malti, 1999]

Pour une fonction de transfert $G_{sj}(z)$, les pôles regroupés dans le vecteur $\underline{\xi}^{sj}$, seront optimisés en utilisant soit la méthode du premier ordre, soit celle de second ordre.

On a

$$\widehat{y}(k) = \sum_{n=0}^{N_{sj}} \theta_n^{sj} \, b_n^{ij}(k, \underline{\xi}_n^{sj}) * u_j(k) \tag{3.24}$$

On note $x_n^{sj}(k) = b_n^{sj}(k, \underline{\xi}_n^{sj}) * u_j(k)$, la sortie du n ième filtre associée à l'entrée u_j.

On aura

$$\widehat{y}(k) = \underline{x}^{sj}(k) \, \underline{\theta}^{sj} \tag{3.25}$$

avec $\underline{x}^{sj}(k) = \begin{bmatrix} x_0^{sj}(k) & x_1^{sj}(k) & \cdots & x_{N_{sj}}^{sj}(k) \end{bmatrix}$ et $\underline{\theta}^{sj} = \begin{bmatrix} \theta_0^{sj} & \theta_1^{sj} & \cdots & \theta_{N_{sj}}^{sj} \end{bmatrix}^T$ sont respectivement les sorties des filtres de la BOG et les coefficients de Fourier.

La forme matricielle du critère quadratique J donné par la relation (3.16) devient :

$$J = e^T e = (\mathbf{y} - X^{sj}\underline{\theta}^{sj})^T(\mathbf{y} - X^{sj}\underline{\theta}^{sj}) \qquad (3.26)$$

avec

$$\mathbf{y} = \left[\begin{array}{cccc} y(1) & y(2) & \ldots & y(K) \end{array}\right]^T \text{ et } X^{sj} = \left[\begin{array}{cccc} x_0^{sj}(1) & x_1^{sj}(1) & \cdots & x_{N_{sj}}^{sj}(1) \\ x_0^{sj}(2) & x_2^{sj}(2) & \cdots & x_{N_{sj}}^{sj}(2) \\ \vdots & \vdots & \ddots & \vdots \\ x_0^{sj}(K) & x_1^{sj}(K) & \cdots & x_{N_{sj}}^{sj}(K) \end{array}\right]$$

Or l'expression du gradient du J s'écrit :

$$\frac{\partial J}{\partial \underline{\xi}^{sj}} = 2\frac{\partial e^T}{\partial \underline{\xi}^{sj}} e$$

où

$$\xi^{sj} = \left[\begin{array}{cccc} \xi_0^{sj} & \xi_1^{sj} & \ldots & \xi_{N_{sj}}^{sj} \end{array}\right]^T$$

Dans la suite on va s'intéresser à l'évaluation du gradient de l'erreur $\frac{\partial e^T}{\partial \underline{\xi}^{sj}}$. D'après (3.26) ceci peut s'écrire :

$$\frac{\partial e^T}{\partial \underline{\xi}^{sj}} = -\left[\begin{array}{cccc} [\underline{\theta}^{sj}]^T \frac{\partial [X^{sj}]^T}{\partial \xi_0^{sj}} & [\underline{\theta}^{sj}]^T \frac{\partial [X^{sj}]^T}{\partial \xi_1^{sj}} & \cdots & [\underline{\theta}^{sj}]^T \frac{\partial [X^{sj}]^T}{\partial \xi_{N_{sj}}^{sj}} \end{array}\right] \qquad (3.27)$$

D'après le réseau de filtres de la base BOG représenté dans la figure (1.7), $X_i^{sj}(z)$ s'écrit :

$$X_i^{sj}(z) = \frac{\sqrt{1-(\xi_i^{sj})^2}}{z-\xi_i^{sj}} \prod_{k=0}^{i-1}\left(\frac{1-\xi_k^{sj}z}{z-\xi_k^{sj}}\right) U(z), \quad X_i^{sj}(z) = Z\left\{x_i^{sj}(k)\right\} \qquad (3.28)$$

D'après (3.27), le calcul du gradient de l'erreur nécessite la connaissance des sensibilités de toutes les sorties de filtres par rapport à tous les pôles. Cette sensibilité s'écrit [Malti, 1999] :

$$\frac{\partial X_n^{sj}(z)}{\partial \xi_i} = \frac{z^2-1}{(z\xi_i^{sj}-1)(z-\xi_i^{sj})}X_n^{sj}(z) \qquad i = 0,\ldots,n-1 \qquad (3.29)$$

$$\frac{\partial X_n^{sj}(z,\underline{\xi}_n^{sj})}{\partial \xi_n^{sj}} = \frac{\xi_n^{sj}z-1}{([\xi_n^{sj}]^2-1)(z-\xi_n^{sj})}X_n^{sj}(z,\underline{\xi}_n^{sj}) \qquad i = n \qquad (3.30)$$

$$\frac{\partial X_n^{sj}(z,\underline{\xi}_n^{sj})}{\partial \xi_i^{sj}} = 0 \qquad\qquad i = n+1,\ldots,N_{sj} \qquad\qquad (3.31)$$

La relation (3.31) permet de simplifier davantage (3.19) en introduisant des blocs de zéros :

$$\frac{\partial e^T}{\partial \underline{\xi}^{sj}} = - \left[[\underline{\theta}^{sj}]^T \begin{bmatrix} \frac{[\partial X_0^{sj}]^T}{\partial \xi_0^{sj}} \\ \frac{[\partial X_1^{sj}]^T}{\partial \xi_0^{sj}} \\ \vdots \\ \frac{[\partial X_{N_{sj}}^{sj}]^T}{\partial \xi_0^{sj}} \end{bmatrix} \quad [\underline{\theta}^{sj}]^T \begin{bmatrix} 0_{1\times K} \\ \frac{[\partial X_1^{sj}]^T}{\partial \xi_1^{sj}} \\ \vdots \\ \frac{[\partial X_{N_{sj}}^{sj}]^T}{\partial \xi_1^{sj}} \end{bmatrix} \quad \cdots \quad [\underline{\theta}^{sj}]^T \begin{bmatrix} 0_{1\times K} \\ \vdots \\ 0_{1\times K} \\ \frac{[\partial X_{N_{sj}}^{sj}]^T}{\partial \xi_{N_{sj}}^{sj}} \end{bmatrix} \right] \qquad (3.32)$$

Puisque la relation (3.29) possède un pôle instable en $z_p = [\xi_i^{sj}]^{-1}$, on cherche à le compenser. Pour ceci et en remplaçant $X_n^{sj}(z)$ par son expression donnée par (3.28), la relation (3.29) peut être réécrite comme suit :

$$\frac{\partial X_n^{sj}(z)}{\partial \xi_i^{sj}} = \frac{z^2 - 1}{(z\xi_i^{sj} - 1)(z - \xi_i^{sj})} \frac{\sqrt{1 - (\xi_n^{sj})^2}}{z - \xi_n^{sj}} \prod_{k=0}^{n-1} \left(\frac{1 - \xi_k^{sj} z}{z - \xi_k^{sj}} \right) U(z) \qquad (3.33)$$

soit encore :

$$\frac{\partial X_n^{sj}(z)}{\partial \xi_i^{sj}} = \frac{1 - z^2}{(z - \xi_i^{sj})^2} \frac{\sqrt{1 - (\xi_n^{sj})^2}}{z - \xi_n^{sj}} \prod_{\substack{k=0 \\ k \neq i}}^{n-1} \left(\frac{1 - \xi_k^{sj} z}{z - \xi_k^{sj}} \right) U(z) \qquad (3.34)$$

L'obtention des pôles à l'itération $(i+1)$ dépend de ceux déterminés à l'itération (i) tout en calculant les quantités (3.32) et (3.19).

Le calcul du Hessien approché se fait directement à partir de la connaissance de la sensibilité de l'erreur de sortie par rapport au vecteur des pôles, car selon (3.23) :

$$\frac{\partial^2 J^{app}}{[\partial \underline{\xi}^{sj}]^T \partial \underline{\xi}^{sj}} = 2\frac{\partial e}{[\partial \underline{\xi}^{sj}]^T} \frac{\partial e}{\partial \underline{\xi}^{sj}} \qquad (3.35)$$

Les pôles sont alors déterminés à l'aide de la relation (3.18) ou (3.21) selon qu'on utilise la méthode du gradient ou la méthode de Gauss Newton.

3.2.4   Nouvelle approche de détermination des pôles de la BOG

3.2.4.1   Détermination des pôles de la BOG des systèmes monovariables

L'utilisation de la BOG exige la connaissance de plusieurs pôles afin de réduire le nombre de paramètres. Or pour un système réel les pôles sont généralement inconnus, on est amené donc à les déterminer à l'aide des couples entrée-sortie. Dans ce qui suit on présente une méthode qui assure la détermination des pôles. Cette méthode d'estimation des pôles sera étendue au cas des systèmes MISO.

On rappelle que toute fonction de transfert appartenant à $\mathcal{H}_2(D^c)$ peut s'écrire sous la forme donnée par la relation (1.75). En pratique, pour un système SISO LTI stable, la somme infinie peut être tronquée à un ordre fini N. De plus, les coefficients θ_n^{sj} et les fonctions $B_n^{sj}(z)$ dépendent des pôles, ceci nous permet d'exprimer la fonction de transfert comme suit :

$$G_{sj}(z) = \frac{Y(z)}{U(z)} = \sum_{n=0}^{N_{sj}} \theta_n^{sj}(\underline{\xi}^{sj}) \, B_n^{sj}(z, \underline{\xi}^{sj}) \tag{3.36}$$

$\underline{\xi}^{sj}$ étant le vecteur contenant les pôles des différents filtres de la base orthogonale généralisée. L'équation (3.36) permet d'écrire :

$$Y(z) = \sum_{n=0}^{N_{sj}} \theta_n^{sj}(\underline{\xi}^{sj}) \, X_n^{sj}(z) \tag{3.37}$$

avec $X_n^{sj}(z) = B_n^{sj}(z, \underline{\xi}^{sj}) \, U(z)$ pour $n = 0, \ldots, N_{sj}$

D'après la relation (3.28), on exprime $X_n^{sj}(z)$ pour $n = 0, \ldots, N_{sj}$ en fonction de $U(z)$, la relation (3.37) s'écrit en remplaçant $X_n^{sj}(z)$ par son expression (3.28)

$$Y(z) = \theta_0^{sj} \frac{\sqrt{1-|\xi_0^{sj}|^2}}{z-\xi_0^{sj}} U(z) + \theta_1^{sj} \frac{\sqrt{1-|\xi_1^{sj}|^2}}{z-\xi_1^{sj}} \frac{1-\overline{\xi}_0^{sj} z}{z-\xi_0^{sj}} U(z) +$$

$$+ \ldots + \theta_{N_{sj}} \frac{\sqrt{1-|\xi_{N_{sj}}^{sj}|^2}}{z-\xi_{N_{sj}}^{sj}} \prod_{n=0}^{N_{sj}-1} \frac{1-\overline{\xi}_n^{sj} z}{z-\xi_n^{sj}} U(z) \tag{3.38}$$

D'où

$$\left(\prod_{n=0}^{N_{sj}}(z-\xi_n^{sj})\right) Y(z) = \theta_0^{sj} \sqrt{1-|\xi_0^{sj}|^2} \left(\prod_{n=1}^{N_{sj}}(z-\xi_n^{sj})\right) U(z) + \ldots +$$

$$+ \theta_i^{sj} \sqrt{1-|\xi_i^{sj}|^2} \left(\prod_{n=i+1}^{N_{sj}}(z-\xi_n^{sj})\right) \left(\prod_{n=0}^{i-1}(1-z\overline{\xi}_n^{sj})\right) U(z) + \ldots +$$

$$+ \theta_{N_{sj}} \sqrt{1-|\xi_{N_{sj}}^{sj}|^2} \left(\prod_{n=0}^{N_{sj}-1}(1-z\overline{\xi}_n^{sj})\right) U(z) \tag{3.39}$$

qui s'écrit par la représentation entrée-sortie suivante

$$\widetilde{A}(z)Y(z) = \widetilde{B}(z)U(z) \tag{3.40}$$

où

$$\widetilde{A}(z) = \prod_{n=0}^{N_{sj}} (z - \xi_n^{sj}) \tag{3.41}$$

et $\widetilde{B}(z)$ est le second membre de la relation (3.39). Le polynôme $\widetilde{A}(z)$ vérifie l'égalité suivante :

$$\prod_{n=0}^{N_{sj}} (z - \xi_n^{sj}) = z^{N_{sj}+1} - \sum_{i=1}^{N_{sj}+1} a_i \, z^{N_{sj}+1-i} \tag{3.42}$$

où $a_i \in \mathbb{R}$.

Dans ce rapport, on s'intéresse à décomposer le système sur les bases BOG dont ses pôles sont tous réels.

Le problème de détermination des pôles peut être ramené à un problème de détermination des racines du polynôme (3.41). Pour ce faire, il suffit de déterminer les différents coefficients de ce polynôme.

La transformée en Z inverse de la relation (3.40) donne compte tenu de la relation (3.39) :

$$y(k + N_{sj} + 1) - \sum_{i=1}^{N_{sj}+1} a_i \, y(k + N_{sj} + 1 - i) = \sum_{n=0}^{N_{sj}} b_n u(k + n) \tag{3.43}$$

où $b_n \in \mathbb{R}$. La présence de K observations d'entrée-sortie nous permet d'écrire la relation (3.43) sous la forme matricielle donnée par la relation (3.44).

$$\mathbf{y} = Q \, \Theta \tag{3.44}$$

Où $\mathbf{y}$ est le vecteur de mesures, Q est la matrice d'observations et Θ est le vecteur des paramètres qui dépendent des pôles et des coefficients de Fourier.

$$\mathbf{y} = \begin{pmatrix} y(N_{sj} + 1) \\ \vdots \\ y(K) \end{pmatrix}, \; \Theta = \begin{pmatrix} \Theta_1 \\ \Theta_2 \end{pmatrix} \text{ avec } \Theta_1 = \begin{pmatrix} b_0 \\ \vdots \\ b_{N_{sj}} \end{pmatrix} \text{ et } \Theta_2 = \begin{pmatrix} a_1 \\ \vdots \\ a_{N_{sj}+1} \end{pmatrix}$$

et

$$Q = \begin{pmatrix} u(0) & \cdots & u(N_{sj}) & y(N_{sj}) & \cdots & y(0) \\ \vdots & \ddots & \vdots & \vdots & \ddots & \vdots \\ u(K - N_{sj} - 1) & \cdots & u(K - 1) & y(K - 1) & \cdots & y(K - N_{sj} - 1) \end{pmatrix}$$

Le vecteur Θ peut être estimé par la méthode des moindres carrés :

$$\Theta^{opt} = (Q^T Q)^{-1} Q^T \mathbf{y} = \begin{pmatrix} \Theta_1^{opt} \\ \Theta_2^{opt} \end{pmatrix} \tag{3.45}$$

Remarque 3.1 : le conditionnement et la régularité de la matrice $Q^T Q$ dependent des soins qui sont portés au choix du signal d'entrée u utilisé pour l'estimation. Ce signal doit être suffisamment persistant.

Remarque 3.2 : afin de réduire la complexité de calcul de la procédure standard des moindres carrés, nous allons recourir à la version orthogonalisée des moindres carrés [Kibangou, 2005]. En effet, la matrice des entrées/sorties, Q, peut être factorisée en un produit d'une matrice à colonnes orthogonales $\widetilde{Q}$ avec une matrice triangulaire supérieure R.

$$Q = \widetilde{Q} R \tag{3.46}$$

En conséquence, les coefficients optimaux Θ^{opt} sont tels que :

$$\Theta^{opt} = R^{-1} \widetilde{Q} \, \mathbf{y} \tag{3.47}$$

Ainsi la détermination des pôles de la BOG revient à trouver les racines du polynôme (3.42), ceci peut être résolu en utilisant le *toolbox de MATLAB* et ce en connaissant seulement les valeurs de Θ_2^{opt} déduites de la relation (3.45) ou (3.47). Cependant, dans le cas d'un système opérant dans un environnement stochastique, ce vecteur peut être estimé par l'algorithme de la variable instrumentale [Ljung, 1987]. Le problème de détermination des pôles de la BOG revient à :

Algorithme 3.1: Estimation des pôles de la BOG

Paramètres :
- N_{sj} : ordre de troncature
- K : nombre d'observations

Calcul :
1. Construire la matrice Q à partir des entrées-sorties.

2. Estimer les paramètres Θ_1^{opt} et Θ_2^{opt} selon (3.45).

3. Evaluer le vecteur de pôles $\underline{\xi}^{sj}$ en utilisant la routine de *MATLAB*.

Remarque 3.3 : La procédure de détermination des pôles de la BOG sera validée en deux étapes :

1. Calculer les coefficients de Fourier $\{\theta_n^{sj}\}_{n=1}^{N_{sj}}$ avec la méthode des moindres carrés associés au vecteur de pôles obtenu.

2. Calculer l'erreur quadratique moyenne de modélisation due à la troncature à un ordre fini N_{sj} du développement de la BOG.

Si l'erreur quadratique moyenne est négligeable et les pôles obtenus sont tous réels, l'ordre de troncature est maintenu. Sinon retour à l'algorithme 4.1 en remplaçant N_{sj} par $N_{sj}+1$.

3.2.4.2   Extension aux systèmes MISO

Considérons un système MISO linéaire invariant dans le temps (LTI) avec r entrées u_j $(j = 1, \ldots, r)$. La sortie du système y_s est donnée par :

$$Y_s(z) = \sum_{j=1}^{r} G_{sj}(z) U_j(z) \tag{3.48}$$

où $G_{sj}(z)$ est la fonction de transfert, liant y_s et u_j, qui peut être décomposée sur les bases orthogonales généralisées comme suit :

$$G_{sj}(z) = \sum_{n=0}^{N_{sj}} \theta_n^{sj}(\underline{\xi}^{sj}) B_n^{sj}(z, \underline{\xi}^{sj}) \quad j = 1, \ldots, r \tag{3.49}$$

Où θ_n^{sj} sont les coefficients de la décomposition des fonctions de transfert $G_{sj}(z)$ sur la base orthogonale généralisée discrète définie par ses fonctions $B_n^{sj}(z)$.

$$B_n^{sj}(z) = \frac{\sqrt{1 - |\xi_n^{sj}|^2}}{z - \xi_n^{sj}} \prod_{k=0}^{n-1} \left(\frac{1 - \overline{\xi}_k^{sj} z}{z - \xi_k^{sj}} \right) \tag{3.50}$$

ξ_k^{sj} est le pôle du k ième filtre du réseau de la BOG associé à l'entrée u_j.

Pour un système MISO LTI stable, la somme infinie pour chaque fonction de transfert peut être tronquée à un ordre fini N_{sj} et la relation (3.48) s'écrit :

$$Y_s(z) = \sum_{j=1}^{r} \sum_{n=0}^{N_{sj}} \theta_n^{sj} B_n^{sj}(z) U_j(z) \tag{3.51}$$

La même technique d'estimation des pôles des systèmes MISO développés sur les BOG que celle utilisée pour les systèmes SISO sera appliquée, la sortie du système MISO s'écrit :

$$
\begin{aligned}
Y_s(z) = {}& \theta_0^{s1} \frac{\sqrt{1 - |\xi_0^{s1}|^2}}{z - \xi_0^{s1}} U_1(z) + \ldots + \theta_{N_{s1}}^{s1} \frac{\sqrt{1 - |\xi_{N_{s1}}^{s1}|^2}}{z - \xi_{N_{s1}}^{s1}} \prod_{n=0}^{N_{s1}-1} \frac{1 - \overline{\xi}_n^{s1} z}{z - \xi_n^{s1}} U_1(z) + \\
& + \theta_0^{s2} \frac{\sqrt{1 - |\xi_0^{s2}|^2}}{z - \xi_0^{s2}} U_2(z) + \ldots + \theta_{N_{s2}}^{s2} \frac{\sqrt{1 - |\xi_{N_{s2}}^{s2}|^2}}{z - \xi_{N_{s2}}^{s2}} \prod_{n=0}^{N_{s2}-1} \frac{1 - \overline{\xi}_n^{s2} z}{z - \xi_n^{s2}} U_2(z) + \\
& \ldots + \theta_0^{sr} \frac{\sqrt{1 - |\xi_0^{sr}|^2}}{z - \xi_0^{sr}} U_r(z) + \ldots + \theta_{N_{sr}}^{sr} \frac{\sqrt{1 - |\xi_{N_{sr}}^{sr}|^2}}{z - \xi_{N_{sr}}^{sr}} \prod_{n=0}^{N_{sr}-1} \frac{1 - \overline{\xi}_n^{sr} z}{z - \xi_n^{sr}} U_r(z)
\end{aligned}
$$
(3.52)

D'où

$$
\left(\prod_{j=1}^{r} \prod_{n=0}^{N_{sj}} (z - \xi_n^{sj}) \right) Y_s(z) = \sum_{j=1}^{r} \sum_{i=0}^{N_{sj}} \theta_i^{sj} \sqrt{1 - |\xi_i^{sj}|^2} \left(\prod_{n=0}^{i-1} (1 - z \overline{\xi}_n^{sj}) \right) \left(\frac{\displaystyle\prod_{j=1}^{r} \prod_{n=0}^{N_{sj}} (z - \xi_n^{sj})}{\displaystyle\prod_{n=0}^{i} (z - \xi_n^{sj})} \right) U_j(z)
$$
(3.53)

On aura ainsi $\displaystyle\sum_{j=1}^{r} (N_{sj} + 1)$ pôles à estimer et le problème revient à une détermination des racines d'un polynôme de degré $\displaystyle\sum_{j=1}^{r} (N_{sj} + 1)$. On peut garder donc la même procédure d'estimation des pôles décrite par **l'algorithme 3.1** mais en tenant compte des rectifications suivantes :

L'ordre de troncature sera le nombre de filtres des bases orthogonales généralisées des r entrées qui est égale à $f = \displaystyle\sum_{j=1}^{r} (N_{sj} + 1)$.

La relation (3.43) définie dans le cas des systèmes SISO s'écrit dans le cas des systèmes MISO comme suit :

$$
y_s(k + f) = \sum_{j=0}^{r} \sum_{n=0}^{N_{sj}} b_{n,j} u_j(k + n) + \sum_{i=1}^{f} a_i \, y_s(k + f - i)
$$
(3.54)

où $b_{n,j} \in \mathbb{R}$. De même la relation (3.44) reste valable où la matrice Q, le vecteur $\mathbf{y_s}$ et le vecteur Θ s'écrivent :

$$Q = \left(\begin{array}{cc} V_1 & V_2 \end{array} \right)$$

avec

$$V_1 = \left(\begin{array}{ccccccc} u_1(0) & \cdots & u_1(f-1) & u_2(0) & \cdots & u_2(f-1) \\ \vdots & \ddots & \vdots & \vdots & \ddots & \vdots \\ u_1(H-f) & \cdots & u_1(H-1) & u_2(H-f) & \cdots & u_2(H-1) \end{array} \right)$$

$$V_2 = \left(\begin{array}{ccccccc} \cdots & u_r(0) & \cdots & u_r(f-1) & y_s(f-1) & \cdots & y_s(0) \\ \ddots & \vdots & \ddots & \vdots & \vdots & \ddots & \vdots \\ \cdots & u_r(H-f) & \cdots & u_r(H-1) & y_s(H-1) & \cdots & y_s(H-f) \end{array} \right)$$

et

$$\mathbf{y_s} = \left(\begin{array}{c} y_s(f) \\ \vdots \\ y(H) \end{array} \right), \Theta = \left(\begin{array}{c} \Theta_1 \\ \Theta_2 \end{array} \right) \text{ avec } \Theta_1 = \left(\begin{array}{c} b_{0,1} \\ \vdots \\ b_{N_1,1} \\ \vdots \\ b_{0,r} \\ \vdots \\ b_{N_r,r} \end{array} \right) \text{ et } \Theta_2 = \left(\begin{array}{c} a_1 \\ \vdots \\ a_f \end{array} \right)$$

L'estimé du vecteur de paramètres Θ par la méthode des moindres carrés est :

$$\Theta^{opt} = (Q^T Q)^{-1} Q^T \mathbf{y_s} = \left[\begin{array}{c} \Theta_1^{opt} \\ \Theta_2^{opt} \end{array} \right] \tag{3.55}$$

Il suffit d'appliquer l'algorithme 3.1 pour déterminer les pôles $\{\underline{\xi}_n^{sj}\}$, $(j = 1, \ldots, r, \ n = 0, \ldots, N_{sj})$.

Remarques 3.4 :

- Les signaux d'excitation u_i, $i = 1, \ldots, r$ doivent être non seulement persistants, mais également décorrélés deux à deux pour éviter les problèmes de conditionnement de la matrice $Q^T Q$ dans (3.55).

- La technique d'estimation des pôles dans le cas des systèmes MISO présente un problème d'affectation des pôles à chaque sous-système. Pour contourner ce problème il suffit de calculer dans la phase de validation l'erreur quadratique moyenne normalisée pour différentes combinaisons possibles des positions de pôles de façon à retenir la meilleur combinaison qui garantie une valeur minimale de cette erreur.

– La détermination des paramètres Θ^{opt} est assurée par la méthode des moindres carrés. En présence d'un bruit, cette méthode ne sera pas efficace et on a recours à l'algorithme de la variable instrumentale [Ljung, 1987] pour estimer les valeurs des paramètres Θ^{opt}. Différents logiciels de simulation numérique de ce type d'algorithme sont proposés; citons plus particulièrement le logiciel $MATLAB$, qui permet l'identification paramétrique à l'aide de la variable instrumentale en partant d'un modèle entrée-sortie.

3.2.4.3   Exemples numériques

Exemples des systèmes SISO

- **Exemple 3.1**

On considère le système SISO ayant la fonction de transfert donnée par :

$$G_{sj}(z) = \frac{0.2z^{-1} + 1.2z^{-2} + 2.09z^{-3}}{(1 + 0.2z^{-1})(1 - 0.8z^{-1})(1 - 0.5z^{-1})} \tag{3.56}$$

La procédure d'estimation des pôles est basée sur les couples entrée-sortie. La réponse du système $y(k)$ (figure (3.2)) est obtenue à partir d'un signal d'entrée $u(k)$ donné par la figure (3.1). Pour que les pôles identifiés convergent vers les pôles optima du système, on impose que les signaux d'entrées soient suffisamment excitants. En appliquant l'algorithme 3.1 pour un ordre de troncature $N_{sj} = 0$ (un seul filtre de la BOG), on obtient le pôle optimal $\xi^{sj}_{opt} = 0.8784$ comme l'illustre la figure (3.3). Dans la phase de validation, on prend comme critère d'arrêt une erreur quadratique moyenne normalisée $< 10^{-2}$. L'estimation des coefficients de Fourier associé à cette valeur de pôle est assurée par la méthode des moindres carrés; l'application d'un autre jeu de données d'entrée-sortie (nombre d'observation $K = 5000$) donne une erreur quadratique moyenne normalisée de 0.3251 qui dépasse la valeur exigée. Par ailleurs, il est nécessaire de refaire le travail d'optimisation des pôles pour un ordre de troncature plus élevé. Pour $N_{sj} = 1$ et en appliquant la même démarche que précédemment, on obtient les pôles optima $\xi^{sj}_{opt} = \begin{bmatrix} 0.8095 & 0.4071 \end{bmatrix}$ illustré par la figure (3.4). Nous constatons que dans la phase de validation l'erreur quadratique moyenne normalisée vaut 0.0759 et reste $> 10^{-2}$ suite à un autre jeu de données d'entrée-sortie de 5000 observations.

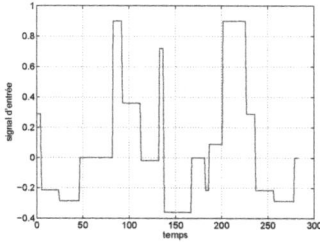

FIG. 3.1 – *signal d'entrée u*

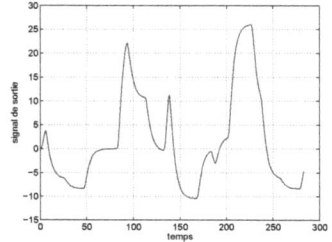

FIG. 3.2 – *signal de sortie y*

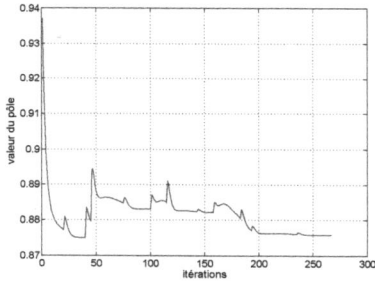

FIG. 3.3 – *convergence du pôle pour une troncature* $N_{sj} = 0$

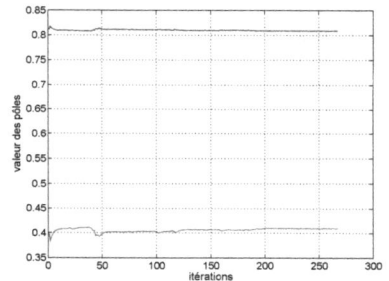

FIG. 3.4 – *convergence des pôles pour une troncature* $N_{sj} = 1$

Une fois de plus, le critère d'arrêt n'est pas vérifié, ceci nous amène à augmenter encore une fois l'ordre de troncature à $N_{sj} = 2$ et de l'injecter dans l'algorithme 3.1. Le vecteur de pôles convergent vers $\underline{\xi}_{opt}^{sj} = \begin{bmatrix} 0.4965 & -0.2020 & 0.8004 \end{bmatrix}$ (voir figure (3.5)).

Nous notons que dans la phase de validation, l'erreur quadratique moyenne normalisée est de 1.316×10^{-5} suite à un ensemble de données d'entrée-sortie de 5000. Pour une fenêtre de 200 mesures, on obtient une bonne approximation de la sortie du système à l'aide du modèle basé sur un développement sur une BOG comme le montre la figure (3.6).

Pour tester la performance de cette technique d'estimation des pôles, on rajoute à la sortie un bruit blanc de telle sorte que le rapport signal sur bruit (RSB) vaut 16. Il est à noter que l'identification des paramètres Θ_2 a été réalisée par la méthode de la variable instrumentale. L'évolution de ces paramètres dans les cents dernières itérations est illustrée par les figures (3.7), (3.8) et (3.9).

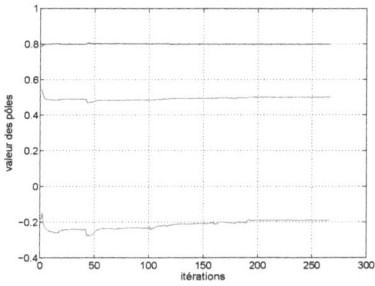

FIG. 3.5 – *Convergence des pôles de la BOG*

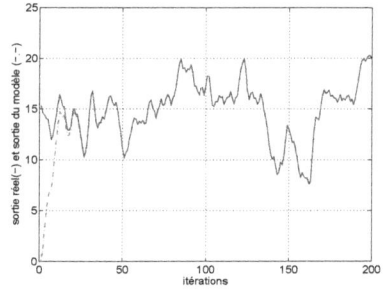

FIG. 3.6 – *Réponses du système (-) et du modèle(-.-) à une entrée aléatoire*

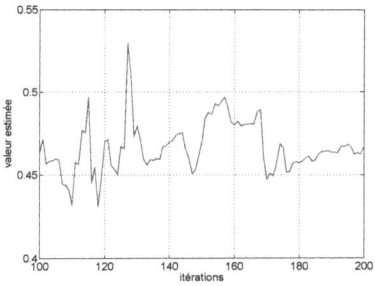

FIG. 3.7 – *Evolution du paramètre* $\Theta_2(1)$

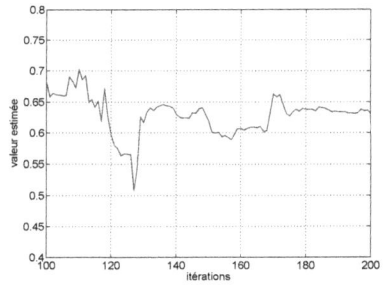

FIG. 3.8 – *Evolution du paramètre* $\Theta_2(2)$

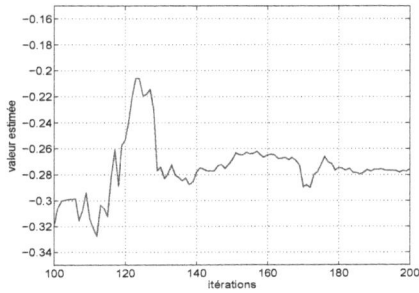

FIG. 3.9 – *Evolution du paramètre* $\Theta_2(3)$

Deux méthodes d'estimation des pôles peuvent être envisagées. Dans la première méthode, on utilise les valeurs moyennes des composantes du vecteur Θ_2; les pôles obtenus convergent vers $\underline{\xi}_{opt}^{sj} = \begin{bmatrix} 0.3995 & -0.7862 & 0.8271 \end{bmatrix}$. Dans la deuxième méthode, on applique la procédure de détermination des pôles pour chaque itération en utilisant les valeurs de Θ_2 présentées sur les figures (3.7), (3.8) et (3.9). Les pôles obtenus sont ceux donnés par le tableau (3.1).

Pôle	Valeur moyenne	Ecart type
$\underline{\xi}_{opt}^{sj}(1)$	-0.7829	0.0881
$\underline{\xi}_{opt}^{sj}(2)$	0.4508	0.1133
$\underline{\xi}_{opt}^{sj}(3)$	0.7732	0.1886

TAB. 3.1 – *Pôles obtenus*

Une fois les pôles sont estimés, on procède à l'identification des coefficients de Fourier par la même méthode et la validation du modèle (figure (3.10)) fournit une erreur quadratique moyenne de 0.07 pour la première méthode et de 0.0654 pour la seconde méthode.

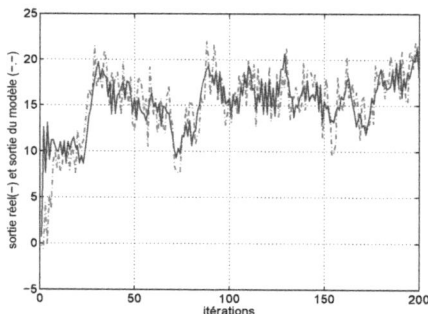

FIG. 3.10 – *Réponses du système bruité (-) et du modèle(-.-) à une entrée aléatoire*

Remarque 3.5 : Dans le **théorème 1.1** du premier chapitre, Ninness a montré, dans le cas où l'ordre de troncature est égale à l'ordre du système, que si les pôles de la base sont égaux aux pôles du système l'erreur de modélisation est nulle. Ce résultat est vérifié par notre algorithme et on voit que pour un ordre de troncature égale à 2, les pôles obtenus sont très proches des pôles du système.

Remarque 3.6 : les valeurs des pôles obtenus peuvent être influencées par le bruit vu que l'algorithme d'estimation des pôles dépend des couples entrée-sortie.

- **Exemple 3.2**

Nous allons à présent évaluer la méthode d'estimation des pôles sur un deuxième système dont sa fonction de transfert est donnée par :

$$G_{sj}(z) = \frac{z^{-1} + z^{-2}}{(1 - 0.7z^{-1})(1 - 0.18z^{-1})(1 + 0.6z^{-1})} \tag{3.57}$$

Le meilleur ordre de troncature du développement en série de fonctions issues de la BOG est $N_{sj} = 2$. Le signal d'entrée est identique à celui de l'exemple 3.1. En utilisant la méthode d'identification des paramètres Θ_2^{opt} par l'algorithme des moindres carrés et en appliquant l'algorithme 3.1, on obtient le vecteur de pôle $\underline{\xi}_{opt}^{sj} = \begin{bmatrix} 0.7 & -0.6 & 0.18 \end{bmatrix}$ illustré par la figure (3.11). Dans la figure (3.12), on représente la sortie du système réel et celle obtenue à l'aide du modèle basé sur un développement sur une BOG. Pour tester l'influence du bruit sur la technique d'optimisation, on rajoute à la sortie un bruit blanc de telle sorte que le Rapport Signal sur Bruit (RSB) soit fixé à 30 ou 10. La technique d'estimation des pôles utilisant les valeurs moyennes des paramètres Θ_2^{opt}, conduit aux pôles $\underline{\xi}_{opt}^{sj} = \begin{bmatrix} 0.6959 & -0.6444 & 0.0427 \end{bmatrix}$ dans le cas d'un RSB = 30 et aux pôles $\underline{\xi}_{opt}^{sj} = \begin{bmatrix} 0.7041 & -0.5805 & 0.0770 \end{bmatrix}$ dans le cas d'un RSB= 10. L'application de la méthode de la variable instrumentale, nous permet d'identifier les coefficients de Fourier de la BOG et ceci nous donne dans le cas d'un RSB=30, la réponse du modèle de la figure (3.13) avec une erreur quadratique moyenne normalisée de 0.0351 et dans le cas d'un RSB=10, la réponse du modèle de la figure (3.14) avec une erreur quadratique moyenne normalisée de 0.0921.

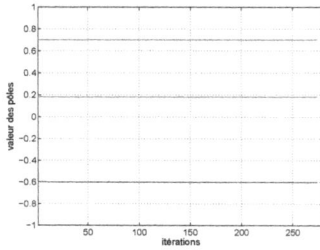

FIG. 3.11 – *Convergence des pôles de la BOG*

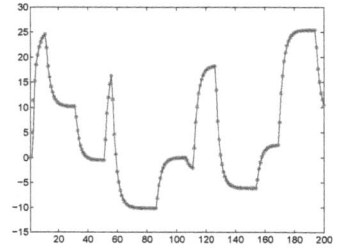

FIG. 3.12 – *réponses du système (-) et du modèle (*) à l'entrée u(k)*

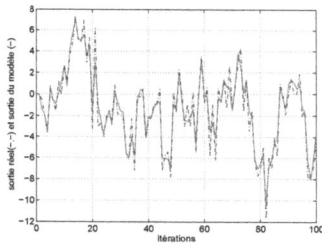

FIG. 3.13 – *réponses d'un système bruité (-.-) 'RSB=30' et du modèle (-) à l'entrée u(k)*

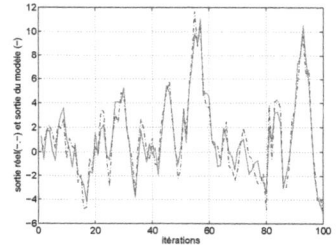

FIG. 3.14 – *réponses du système (-.-) 'RSB=10' et du modèle (-) à l'entrée u(k)*

- **Exemple d'un système MISO**

On considère le système MISO avec deux entrées. Chaque sous système admet une fonction de transfert donnée par :

$$G_{s1}(z) = \frac{z^{-1}(1 + 0.65z^{-1})}{(1 - 0.368z^{-1})(1 - 0.819z^{-1})(1 - 0.95z^{-1})} \qquad (3.58)$$

$$G_{s2}(z) = \frac{z^{-1}(1 - z^{-1})}{(1 + 0.6z^{-1})(1 - 0.15z^{-1})} \qquad (3.59)$$

L'application de l'algorithme d'optimisation des pôles exige la connaissance de la réponse du système au deux entrées non corrélées données par la figure (3.15).

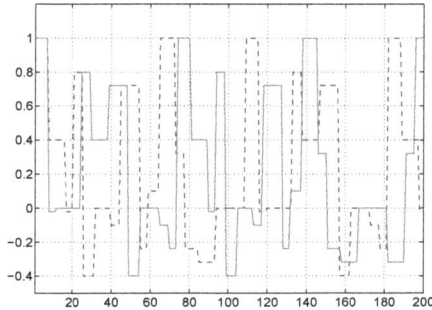

FIG. 3.15 – *signaux d'entrées* $u_1(k)$ *(- -) et* $u_2(k)$ *(-)*

En fixant un ordre de troncature égale à la somme des ordres du système, les pôles convergent vers $\underline{\xi}^s_{opt} = \begin{bmatrix} 0.9488 & 0.8208 & 0.367 & -0.6 & 0.1505 \end{bmatrix}$ qui sont très proches des pôles réels de notre système MISO et la réponse du modèle (figure (3.16)) peut être déduite après avoir identifié les coefficients de Fourier par la méthode des moindres carrés. Il est à signaler que l'inconvénient majeur de notre technique d'optimisation ne permette pas d'affecter les pôles à chaque réseau de filtres de la BOG associé à l'entrée qui lui est appliquée. Ceci peut être résolu dans la phase de validation en calculant l'erreur quadratique moyenne normalisée (NMSE) pour différentes combinaisons possibles des positions de pôles et on retient le vecteur qui donne une valeur minimale de cette erreur. A titre d'exemple pour le vecteur de pôles précédent la valeur de la NMSE obtenue avec 5000 observations vaut 6.7591×10^{-4} alors que pour le vecteur de pôles $\underline{\xi}^s_{opt} = \begin{bmatrix} 0.9488 & -0.6 & 0.367 & 0.8208 & 0.1505 \end{bmatrix}$, la NMSE vaut 0.0043.
De la même façon que le cas du système monovariable, l'algorithme d'optimisation des pôles est testé sur un modèle MISO bruité avec un RSB = 30. Les résultats obtenus sont sensibles à l'ajout d'un bruit. Avec ce RSB, les pôles convergent vers $\underline{\xi}^s_{opt} = \begin{bmatrix} 0.9500 & -0.6791 & 0.5070 & 0.0247 & 0.8166 \end{bmatrix}$. On remarque que seul les dynamiques dominantes restent quasiment inchangées. A l'aide des pôles obtenus, on construit les fonctions de la base BOG associées à chaque entrée du système et on identifie les coefficients de Fourier par la méthode de la variable instrumentale. La sortie du système obtenue à l'aide des excitations aléatoires, figure (3.16), donne une erreur quadratique moyenne normalisée de l'ordre de 0.014 avec un nombre d'observation de 5000.

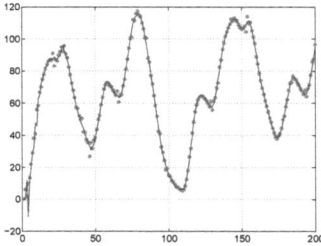

FIG. 3.16 – *Réponses du système (-) et du modèle (*) aux entrées* $u_1(k)$ *et* $u_2(k)$

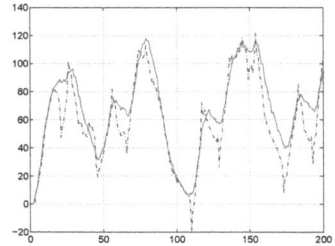

FIG. 3.17 – *Réponses du système bruité (-) et du modèle (-.-) aux entrées* $u_1(k)$ *et* $u_2(k)$

- Exemple d'un système SISO à ordre élevé

Considérons, à présent, le cas plus complexe d'un système SISO qui a pour fonction de transfert :

$$G_{sj}(z) = \frac{3.8z^5 - 3.71z^4 + 0.3995z^3 - 0.2439z^2 + 0.254z}{z^5 - 0.85z^4 - 0.555z^3 + 0.616z^2 - 0.0733z - 0.0612} \tag{3.60}$$

Soulignons que cet exemple a été étudié par [Malti, 1999] afin d'optimiser les pôles de la BOG par l'application de l'algorithme de Gauss-Newton donné dans la section 3.2.3.2. Pour un modèle à trois filtres BOG le vecteur des pôles obtenu par Malti est $\underline{\xi}_{opt}^{sj} = \begin{bmatrix} 0.915 & 0.340 & -0.843 \end{bmatrix}$ après une initialisation du vecteur des pôles à $\underline{\xi}_{(1)}^{sj} = \begin{bmatrix} 0.9 & 0 & -0.9 \end{bmatrix}$. L'algorithme utilisé dans [Malti, 1999] exige d'une part pour chaque itération un calcul du gradient du critère J donné par la relation (3.12) et de son Hessien, ce qui engendre des calculs volumineux; d'autre part le vecteur de pôles optimal est très sensible au choix du vecteur de pôles initial. En contre partie notre algorithme converge vers le vecteur de pôles optimal $\underline{\xi}_{opt}^{sj} = \begin{bmatrix} 0.8941 & 0.4195 & -0.8620 \end{bmatrix}$ sans aucune contrainte. Ceci est illustré par les figure (3.18).

Afin de vérifier visuellement la qualité de l'approximation, on a tracé sur la figure (3.19) la réponse non bruitée du système originel ainsi que la réponse du modèle obtenu à trois filtres BOG.

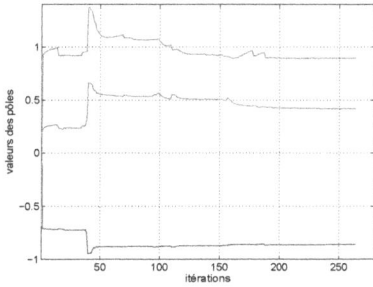

FIG. 3.18 – *Convergence des pôles*
de la BOG

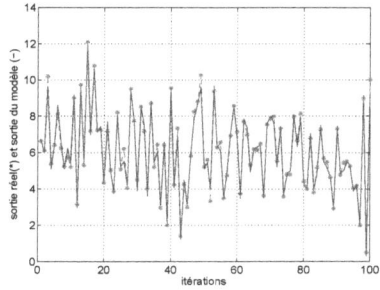

FIG. 3.19 – *réponses du système (-) et*
du modèle (*) à 3 filtres BOG

3.3   Identification robuste des systèmes MISO

3.3.1   Introduction

Le calcul des coefficients de Fourier s'applique sans restriction à toutes les bases considérées dans ce rapport. Il s'agit donc de déterminer les coefficients de Fourier qui minimisent le critère quadratique, pour un choix fixe de pôles.

$$\widehat{C_s} = arg \min_{C_s}(J) \tag{3.61}$$

où J est le critère donné par la relation (3.26) et $s = 1, \ldots, m$.
En se référant à la section (2.5.2) à la page 70, la représentation d'état du système MISO s est donnée par :

$$\begin{cases} X_s(k) = A_s X_s(k-1) + B_s \, \underline{u}(k-1) \\ y_s(k) = C_s X_s(k) + v_s(k) \end{cases} \tag{3.62}$$

Le modèle étant linéaire par rapport aux paramètres. On applique des entrées $u_j(k)$ quelconques, $j = 1, \ldots, r$ (riche en fréquence). Puis le vecteur des paramètres C_s contenant les coefficients de Fourier sera estimé en appliquant la méthode d'identification des moindres carrés étendue récursive (RELS).

Cependant lorsqu'aucune information statistique (distribution, moyenne,...) sur le bruit n'est disponible à l'exception qu'il soit borné et de bornes connues, on utilise plutôt des

méthodes d'identification connues sous le nom d'approches UBBE (Unknown But Bounded Error). Contrairement aux approches classiques, basées sur les moindres carrés, qui
aboutissent à la détermination d'un vecteur de paramètres, l'approche UBBE résulte en
un ensemble de vecteurs de paramètres tous compatibles avec la structure du modèle,
les mesures et les bornes de l'erreur. Cet ensemble appelé ensemble d'appartenance des
paramètres est un polyèdre convexe ou polytope lorsqu'il est borné et les approches
auront pour mission de mettre à jour cet ensemble suite à l'acquisition de toute nouvelle mesure. Vue la complexité croissante du domaine exact, d'autres approches ont été
développées dans la littérature pour mettre à jour des approximations de ce domaine
ayant des formes géométriques simples telles que le parallèlotope [Vicino et Zappa, 1996],
l'ellipsoïde [Fogel et Huang, 1982], l'orthotope [Messaoud et Favier, 1994] et les polytopes
à complexité limitée [Maraoui et Messaoud, 2001]. Les approches développées cherchent
à minimiser les tailles des approximations.

3.3.2   Mise à jour du domaine d'appartenance paramétrique d'un système MISO

Considérons le modèle d'un système MISO s ($s = 1, \ldots, m$) mis sous sa forme linéaire
en C_s. C_s représente les paramètres du modèle à estimer :

$$y_s(k) = C_s X_s(k) + v_s(k) \qquad (3.63)$$

$v_s(k)$ représente une perturbation sur le signal de sortie $y_s(k)$. Cette perturbation est
supposée inconnue mais bornée comme suit :

$$\mid v_s(k)\mid \leq \delta_k \qquad (3.64)$$

Il est possible de construire à chaque instant l'ensemble des paramètres admissibles $\mathbf{S}_K$ à
l'instant K, i.e. l'ensemble des vecteurs C_s compatibles avec :

  – la structure du modèle donnée par l'équation (3.63)

  – les hypothèses faites sur la perturbation $v_s(k)$ données par (3.64)

  – les mesures présentes et passées

En présence de K mesures entrées/sortie $\{\underline{u}(k), y_s(k)\}$, l'ensemble des vecteurs de paramètres C_s est défini par

$$\mathbf{S}_K = \{C_s/y_s(k) - \delta_k \leq C_s X_s(k) \leq y_s(k) + \delta_k\}; \qquad k = 1, \ldots, K \qquad (3.65)$$

L'ensemble $\mathbf{S}_K$ peut être vu comme une partie de l'espace paramétrique qui est délimitée par K paires d'hyperplans parallèles $H_1(k)$ et $H_2(k)$ définis par

$$H_1(k) = \{C_s/\ C_s X_s(k) = y_s(k) + \delta_k\} \qquad (3.66)$$

$$H_2(k) = \{C_s/\ C_s X_s(k) = y_s(k) - \delta_k\} \qquad (3.67)$$

Chaque hyperplan $H_i(k)(i = 1, 2)$ génère un demi-espace négatif $H_i^-(k)(i = 1, 2)$ et un demi-espace positif $H_i^+(k)(i = 1, 2)$ et tout vecteur qui satisfait les contraintes (3.65) appartient à l'intersection des demi-espaces positifs $H_1^+(k)$ et $H_2^+(k)$. Les demi-espaces sont définis par:

$$H_1^+(k) = \{C_s/\ C_s X_s(k) \leq y_s(k) + \delta_k\} \qquad (3.68)$$

$$H_1^-(k) = \{C_s/\ C_s X_s(k) \geq y_s(k) + \delta_k\} \qquad (3.69)$$

$$H_2^+(k) = \{C_s/\ C_s X_s(k) \geq y_s(k) - \delta_k\} \qquad (3.70)$$

$$H_2^-(k) = \{C_s/\ C_s X_s(k) \leq y_s(k) - \delta_k\} \qquad (3.71)$$

L'ensemble $\mathbf{S}_K$ est alors donné par

$$\mathbf{S}_K = \bigcap_{k=1}^{K} H_1^+(k) \cap H_2^+(k) \qquad (3.72)$$

Une illustration de la construction de $\mathbf{S}_K$ est donnée par la figure (3.20) dans le cas de deux paramètres et 4 mesures (la zone grisée).

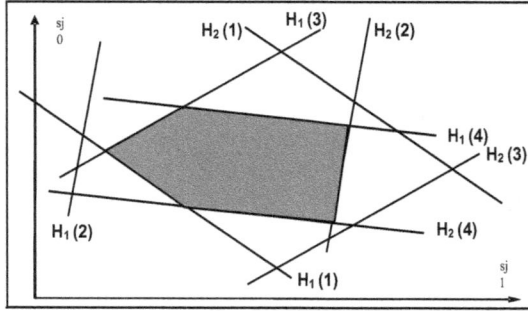

FIG. 3.20 – *Construction du polyèdre*

On remarque la complexité de la forme géométrique qui augmente avec le nombre de mesures et le nombre de paramètres à estimer. Le nombre maximal de sommets, pour K mesures et n paramètres, est donné par [Mo et Norton, 1990] comme suit

$$\begin{cases} C_{K+\frac{n}{2}}^K + C_{K+\frac{n}{2}-1}^K & \text{si } n \text{ est pair} \\ 2\, C_{K+\frac{n-1}{2}}^K & \text{si } n \text{ est impair} \end{cases} \tag{3.73}$$

Pour surmonter cette complexité, on approche l'ensemble exact $\mathbf{S}_K$ par une région sous-optimale $\mathbf{N}_K$ de forme simple qui doit approcher le plus que possible la région exacte $\mathbf{S}_K$. On s'intéresse dans ce mémoire aux domaines de type polytopique, orthotopique ou ellipsoïdale.

3.3.2.1 Mise à jour d'un polytope

Un polytope est l'enveloppe convexe de l'ensemble de ses sommets. Si x est le nombre de sommets,

$$P = conv(S),\ S = \{s^1, \ldots, s^x\},\ s^i \in \mathbb{R}^n,\ i = 1, 2, \ldots, x \tag{3.74}$$

avec *conv* est l'enveloppe convexe, S est l'ensemble des sommets et n est la dimension de l'espace des paramètres.

Le polytope peut être représenté par ses sommets ou par ses faces. Pour mettre à jour l'ensemble des sommets suite à l'acquisition d'une nouvelle mesure, les sommets à exclure sont identifiés et de nouveaux sommets sont formés à l'intersection entre les hyperplans définissant la mesure et le polytope déterminé à l'instant antérieur. Les sommets ainsi que les hyperplans adjacents à chaque sommet s^i sont listés. La mise à jour du polytope est schématisée par la figure (3.21).

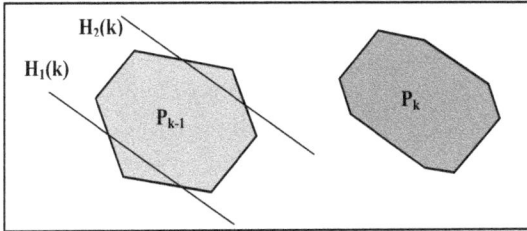

FIG. 3.21 – *Mise à jour du polytope exact*

Ainsi considérons P_{k-1}, le polytope obtenu à l'instant $(k-1)$ défini par son ensemble de sommets $S_{k-1} = \{s_{k-1}^1, \ldots, s_{k-1}^x\}$ et l'ensemble d'hyperplans adjacents à chaque sommet. La mise à jour du polytope consiste à déterminer le polytope P_k défini par son ensemble de sommets $S_k = \{s_k^1, \ldots, s_k^x\}$ et l'ensemble d'hyperplans adjacents à chaque sommet de S_k. La k ième mesure introduit deux hyperplans $H_1(k)$ et $H_2(k)$, donnés par (3.66) et (3.67), chacun génère à son tour deux demi-espaces: l'un positif $H_j^+(k)(j = 1, 2)$ et l'autre négatif $H_j^-(k)(j = 1, 2)$. Le polytope P_k est donné par l'intersection du polytope P_{k-1} et des deux demi-espaces positifs délivrés par la k ième mesure, soit :

$$P_k = P_{k-1} \cap H_1^+(k) \cap H_2^+(k) \tag{3.75}$$

Calcul des sommets du polytope

Afin d'identifier les sommets du polytope P_{k-1} à exclure et les sommets à maintenir, on calcule les positions de tous les sommets $s_{k-1}^i (i = 1, \ldots, x)$ par rapport aux hyperplans $H_j(k)(j = 1, 2)$. Ces positions sont indiquées par les quantités α_j^i $(i = 1, \ldots, x; \ j = 1, 2)$, avec

$$\alpha_j^i = \begin{cases} y_s(k) + \delta_k - s_{k-1}^i X_s(k) & si \quad j = 1 \\[2mm] -y(k) + \delta_k + s_{k-1}^i X_s(k) & si \quad j = 2 \end{cases} \qquad i = 1, \ldots, x \tag{3.76}$$

Si $\alpha_j^i \geq 0$, $s_{k-1}^i \in H_j^+(k)$; si $\alpha_j^i \leq 0$, $s_{k-1}^i \in H_j^-(k)$ et si $\alpha_j^i = 0$ alors $s_{k-1}^i \in H_j(k)$.

Si $\alpha_j^i \geq 0$ $\forall i$, P_{k-1} n'est pas modifié par $H_j(k)$, P_k est vide si tous les α_j^i sont négatifs et $H_j^+(k)$ coupe et modifie P_{k-1} si quelques α_j^i mais pas tous sont négatifs. Le polytope est mis à jour comme suit :

$H_j(k)$ coupe P_{k-1} formant un nouveau hyperplan $H^*(k)$ du polytope P_k. $H^*(k)$ peut être considéré comme étant l'enveloppe convexe de l'ensemble de ses sommets S^* dans lequel chaque sommet appartient à P_k et non pas à P_{k-1}. Une arête $\Sigma(i,\ell)$ de P_{k-1} est coupée par $H_j(k)$ si les sommets s_{k-1}^i et s_{k-1}^ℓ qui la forment satisfont $s_{k-1}^i \in H_j^+(k)$ et $s_{k-1}^\ell \notin H_j^+(k)$ ou encore si les quantités $\alpha_j^i \geq 0$ et $\alpha_j^\ell < 0$. Le nouveau sommet formé $s_\star^i$ est une combinaison convexe de ces deux sommets :

$$s_\star^i = (1 - \lambda)s^i + \lambda s^\ell \tag{3.77}$$

et comme $s_\star^i \in H_j(k)$,$(j = 1, 2)$, on a

$$s_\star^i \, X_s(k) = \begin{cases} y_s(k) + \delta_k & si \;\; j = 1 \\[2mm] y_s(k) - \delta_k & si \;\; j = 2 \end{cases} \tag{3.78}$$

Le scalaire λ est donné par :

$$\lambda = \frac{[s_{k-1}^\ell - s_\star^i]X_s(k)}{[s_{k-1}^\ell - s_{k-1}^i]X_s(k)} \tag{3.79}$$

L'ensemble S^* des nouveaux sommets est obtenu en appliquant (3.77)-(3.79) à toutes les paires de sommets adjacents qui satisfont le test (3.76). Pour plus de detail sur la mise à jour de la liste des sommets adjacents et la mise à jour de la liste d'adjacence hyperplan-sommet, on peut se référer à [Messaoud, 1993].

Cependant cette approche présente l'inconvénient majeur qui consiste à la complexité du polyèdre calculé surtout lorsque le nombre de mesures ou l'ordre de système augmente. Ceci est dû au fait que le nombre de faces (ou d'arêtes) est généralement croissant avec le nombre de mesures. Par conséquent le temps nécessaire pour mettre à jour le polyèdre augmente. Cet inconvénient pénalise la méthode et la rend inexploitable pour une commande en temps réel. Pour remédier à ces inconvénients, une idée consiste à approcher le polyèdre exact par une forme qui serait plus simple à calculer et décrire et qui donne une région qui serait la plus proche possible du polyèdre exact. Plusieurs approches ont été développées dans ce sens selon l'approximation à calculer et qui peut être un orthotope ou un ellipsoïde.

3.3.2.2 Approche orthotopique

L'orthotope constitue une approximation du polytope exact avec un nombre de faces et un nombre de sommets constants.

L'algorithme d'actualisation contient deux étapes :

1. Calcul du polytope intersection $\mathbf{P}_k$ de l'orthotope $\mathbf{O}_{k-1}$ avec les demi-espaces positifs $H_j^+(k)$ $(j = 1, 2)$.
2. Calcul de l'orthotope $\mathbf{O}_k$ à partir du polytope intersection $\mathbf{P}_k$.

Chaque sommet de l'orthotope est défini à partir des sommets extrêmes du polytope, c'est à dire les sommets dont l'une au moins des coordonnées prend sa valeur maximale ou minimale par rapport à l'ensemble des sommets du polyèdre. La figure (3.22) illustre cette procédure pour la dimension 2.

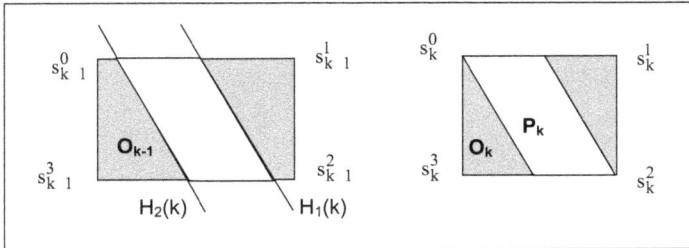

FIG. 3.22 – *Mise à jour de l'orthotope*

L'intersection de l'orthotope $\mathbf{O}_{k-1}$, avec les demi-espaces positifs $H_j^+(k)$ est calculée en déterminant la position de chaque sommet s_{k-1}^i, $i = 0, \ldots, 2^n - 1$ par rapport à chaque hyperplan $H_j(k)$.

On définit le polyèdre intersection entre $\mathbf{O}_{k-1}$ et $H_j^+(k)$ par ses sommets qui sont :
– les sommets de $\mathbf{O}_{k-1}$ appartenant à $H_i^+(k)$.
– les nouveaux sommets obtenus par l'intersection de l'hyperplan $H_j(k)$ $(j = 1, 2)$ avec n'importe quelle arête de l'orthotope $\mathbf{O}_{k-1}$ qui joint deux sommets adjacents

s_{k-1}^i et s_{k-1}^ℓ situés respectivement dans $H_j^+(k)$ et $H_j^-(k)$.

Le nouveau sommet formé est donné par la relation (3.77). Une fois que tous les sommets du polyèdre ont été déterminés, les 2^n sommets de l'orthotope sont déduits en prenant les valeurs maximales et minimales pour chaque coordonnée relativement à l'ensemble des sommets du polyèdre soit :

$$\mathbf{O}_k = \{C_s / C_s^{j,min}(k) \le C_s(k) \le C_s^{j,max}(k) \quad j = 1, \ldots, n\} \tag{3.80}$$

Avec $C_s^{j,min}(k)$ et $C_s^{j,max}(k)$ sont respectivement la valeur minimale et la valeur maximale de la j ème composante du vecteur C_s, données par :

$$C_s^{j,min}(k) = \min_i S_i^j(k) \qquad j = 1, \ldots, n, \quad i = 1, \ldots, nx_k \tag{3.81}$$

$$C_s^{j,max}(k) = \max_i S_i^j(k) \qquad j = 1, \ldots, n, \quad i = 1, \ldots, nx_k \tag{3.82}$$

$S_i^j(k)$ représente la j ième coordonnée du sommet s^i à l'instant k et nx_k le nombre de sommets du polyèdre intersection.

Calcul du centre et de la demi-longueur de l'orthotope

Le centre c_k de l'orthotope $\mathbf{O}_k$ qui peut être utilisé comme estimateur du vecteur de paramètres réels C_s à l'instant k, et la demi-longueur l_k qui exprime la taille géométrique de l'orthotope à l'itération k, sont calculés par les relations suivantes [Messaoud, 1993] :

$$c_j = \frac{C_s^{j,min}(k) + C_s^{j,max}(k)}{2} \qquad j = 1, \ldots, n \tag{3.83}$$

$$l_j = \frac{C_s^{j,max}(k) - C_s^{j,min}(k)}{2} \qquad j = 1, \ldots, n \tag{3.84}$$

3.3.2.3   Approche ellipsoïdale

Dans cette approche; le polytope exact sera approximé par un ellipsoïde. L'approche ellipsoïdale est l'approche la plus traitée dans la littérature. Depuis le premier algorithme proposé par [Fogel et Huang, 1982], plusieurs autres travaux sont apparus présentant plusieurs variante pour le calcul de l'ellipsoïde optimal contenant la région exacte, et ceci en minimisant un critère donné [Arruda ,1992].

Le grand intérêt donné à l'approche ellipsoïdale est dû aux plusieurs avantages présentés par cette méthode, parmi les quels on peut citer :

- Une représentation simple de l'ellipsoïde.

- Une possibilité d'identification en temps réel puisque tous les algorithmes proposés sont récursifs.

- Une forte ressemblance avec la méthode classique des moindres carrés ce qui facilite l'analyse des propriétés de convergence et de stabilité des algorithmes.

- Une capacité d'adaptation aux ruptures de modèles.

Un ellipsoïde E_k est défini par :

$$E_k = \left\{ C_s / (C_s - C_s^k) P_k^{-1} (C_s - C_s^k)^T \leq \sigma_k^2 \right\} \tag{3.85}$$

avec C_s^k est le centre de l'ellipsoïde et $\sigma_k^2 P_k$ est une matrice définie positive liée à l'orientation et à la taille de E_k.

Soit E_{k-1} l'ellipsoïde calculé à l'instant $k-1$ et F_k la région délimitée par la paire d'hyperplans définie par la mesure à l'instant k et ayant pour équation $\mid y_s(k) - C_s X_s(k) \mid = \delta_k$ où δ_k est la borne maximale de l'erreur à l'instant k. Le but est donc de déterminer l'ellipsoïde de taille minimale contenant la région $\mathbf{M}_k = E_{k-1} \cap F_k$.

F_k peut être réécrite sous forme d'un ellipsoïde dégénéré:

$$F_k = \left\{ C_s \in \mathbb{R}^n / \left[y_s(k) - C_s Xs(k) \right]^2 \leq \delta_k^2 \right\} \tag{3.86}$$

La région M_k est donc donnée par :

$$\begin{cases} M_k = \left\{ C_s / (C_s - C_s^{k-1}) P_{k-1}^{-1} (C_s - C_s^{k-1})^T \leq \sigma_{k-1}^2 \right. \\[2mm] \left. \left[y_s(k) - C_s X_s(k) \right]^2 \leq \delta_k^2 \right\} \end{cases} \tag{3.87}$$

La figure (3.23) montre la région $\mathbf{M}_k$ et l'ellipsoïde minimal qui la contient

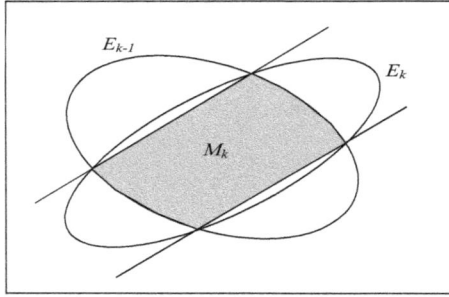

FIG. 3.23 – *Mise à jour de l'ellipsoïde*

Il est clair que la région $\mathbf{M}_k$ n'est pas un ellipsoïde, mais on peut remarquer que tout vecteur appartenant à cette région satisfait l'inégalité suivante :

$$\alpha_k(C_s - C_s^{k-1})P_{k-1}^{-1}(C_s - C_s^{k-1})^T + \beta_k[y_s(k) - C_s X_s(k)]^2 \leq \alpha_k \sigma_{k-1}^2 + \beta_k \delta_k^2 \qquad (3.88)$$

avec α_k et β_k sont des paramètres tels que $\alpha_k > 0$ et $\beta_k \geq 0$.

Dans cette approche ellipsoïdale, on considère le centre C_s^{k-1} de l'ellipsoïde comme étant le meilleur estimateur du vecteur de paramètres réel C_s. De plus, la taille de l'ellipsoïde est considérée comme une mesure de l'incertitude du modèle estimé. L'algorithme récursif de mise à jour de l'ellipsoïde est résumé dans le tableau (3.2) :

$$v_s(k) = y_s(k) - C_s^{k-1}X_s(k)$$

$$C_s^k = C_s^{k-1} + \beta_k P_k X(k)v_s(k)$$

$$P_k = \frac{1}{\alpha_k}\left[P_{k-1} - \frac{\beta_k P_{k-1}X_s^T(k)X_s(k)P_{k-1}}{\alpha_k + \beta_k X_s(k)P_{k-1}X_s^T(k)}\right]$$

$$\sigma_k^2 = \alpha_k \sigma_{k-1}^2 + \beta_k \delta_k^2 - \frac{\alpha_k \beta_k e_k^2}{\alpha_k + \beta_k X_s(k)P_{k-1}X_s^T(k)}$$

TAB. 3.2 – *algorithme UEOB*

Le calcul de la région ellipsoïdale depend du critère choisi (volume minimum, trace minimale, ...) soit un choix adéquat des facteurs libres α_k et β_k present dans l'algorithme du tableau (3.2). Le tableau (3.3) présente les différentes méthodes proposées dans la littérature [Favier et Arruda, 1996]

Algorithme	α_k	β_k	Calcul de λ_k
Algorithme du volume minimum Fogels et Huang	$\frac{1}{\sigma_{k-1}^2}$	$\frac{\lambda_k}{\delta_k^2}$	$\min_{\lambda_k} Det[\sigma_k^2 P_k]$
Algorithme de la trace minimale Fogels et Huang	$\frac{1}{\sigma_{k-1}^2}$	$\frac{\lambda_k}{\delta_k^2}$	$\min_{\lambda_k} Trace[\sigma_k^2 P_k]$
Algorithme de Canudas et Carrillo	λ_k	λ_k	$\min_{\lambda_k} \sigma_k^2$
Algorithme de Dasgupta et Huang	$1 - \lambda_k$	λ_k	$\min_{\lambda_k} \sigma_k^2$

TAB. 3.3 – *valeurs de α_k et β_k correspondant au critère à minimiser*

Les intervalles d'incertitudes des paramètres sont obtenus [Messaoud, 1993] par la différence $C_s^{k,max}(j) - C_s^{k,min}(j)$ avec :

$$\begin{cases} C_s^{k,max}(j) = C_s^k(j) + \sigma_k \sqrt{P_k(j,j)} \\[2mm] C_s^{k,min}(j) = C_s^k(j) - \sigma_k \sqrt{P_k(j,j)} \end{cases} \qquad (3.89)$$

3.3.2.4   Résultats de simulation

Les approches d'identification robuste sont appliquées au modèle issu de la décomposition du système MISO donné par les relations (3.58)-(3.59) sur les bases orthogonales généralisées. On s'intéresse dans cette partie à la mise à jour d'un domaine d'appartenance des paramètres de type polytopique ou ellipsoïdal. Les simulations ont été mises au point en utilisant un outil dédié GBT (Geometric Bounding Toolbox) intégré au logiciel Matlab. Pour un rapport signal sur bruit égal à 20 et un nombre de mesure égale à 100, on obtient les résultats suivants :

Caractéristique	Approche polytopique
Volume final	$3.1265 \ 10^{-5}$
Nombre de sommets	99
Intervalle d'incertitude	$\delta\underline{\theta}_1 = \begin{bmatrix} 0.1690 & 0.6388 & 0.2696 & 0.5834 & 0.4740 \end{bmatrix}$
Centre de la région	$\overline{C}_1 = \begin{bmatrix} 6.9876 & 4.0160 & 0.2117 & -0.1943 & 0.4164 \end{bmatrix}$

TAB. 3.4 – *Caractéristiques du domaine d'incertitude paramétrique du système MISO obtenu par l'approche polytopique*

Caractéristique	Approche ellipsoïdale
Volume final	0.2572
Intervalle d'incertitude	$\delta\underline{\theta}_1 = \begin{bmatrix} 0.9270 & 2.3351 & 1.0167 & 2.4727 & 2.1215 \end{bmatrix}$
Centre de la région	$\overline{C}_1 = \begin{bmatrix} 6.8868 & 4.2611 & 0.2232 & -0.2233 & 0.2715 \end{bmatrix}$

TAB. 3.5 – *Caractéristiques du domaine d'incertitude paramétrique du système MISO obtenu par l'approche ellipsoïdale*

Approche polytopique

Parmi les différentes approches de l'erreur inconnue mais bornée, l'approche polytopique donne toujours les meilleurs résultats du point de vue de la taille des polytopes obtenus (volume minimal et intervalles d'incertitudes minimaux), et ceci est le résultat attendu puisque cette approche détermine le domaine d'appartenance exact des paramètres consistant avec les mesures, la connaissance a priori du modèle et les bornes de l'erreur.

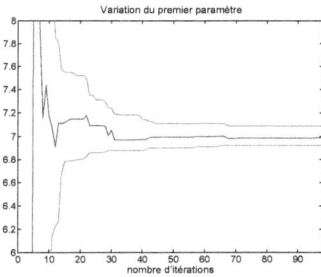

Fig. 3.24 – *Evolution du paramètre θ_1^{s1} et de ses incertitudes*

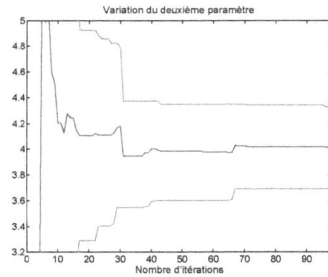

Fig. 3.25 – *Evolution du paramètre θ_2^{s1} et de ses incertitudes*

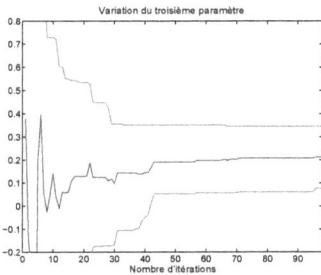

Fig. 3.26 – *Evolution du paramètre θ_3^{s1} et de ses incertitudes*

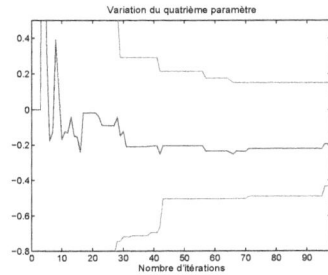

Fig. 3.27 – *Evolution du paramètre θ_1^{s2} et de ses incertitudes*

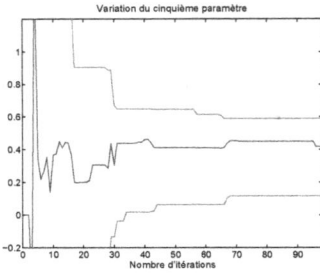

FIG. 3.28 – *Evolution du paramètre* θ_2^{s2} *et de ses incertitudes*

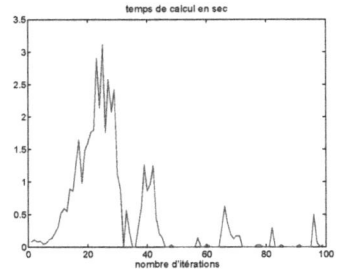

FIG. 3.29 – *Evolution du temps de calcul*

Les figures (3.24)- (3.28) présentent l'évolution des différents paramètres, elles illustres l'évolution du centre de la région ainsi que celle des valeurs maximales et minimales pour chaque paramètre. Sur la figure (3.29), on trace l'évolution du temps de calcul par itération. On remarque bien les pics qui correspondent à des mesures non redondantes et dont l'amplitude augmente avec le nombre de faces et de sommets du polytope. Sachant que ce nombre est généralement croissant avec les mesures , il ne serait pas pratique d'adopter cette approche dans une procédure de commande en temps réel.

Approche ellipsoïdale

Cette approche est plus rapide que l'approche polytopique (figure (3.35)).

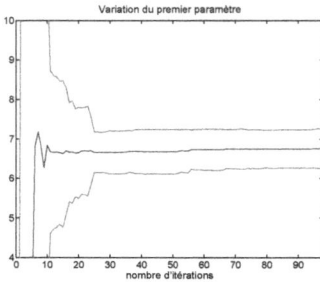

FIG. 3.30 – *Evolution du paramètre* θ_1^{s1} *et de ses incertitudes*

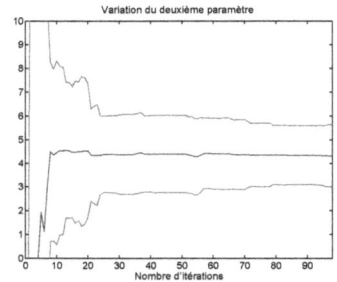

FIG. 3.31 – *Evolution du paramètre* θ_2^{s1} *et de ses incertitudes*

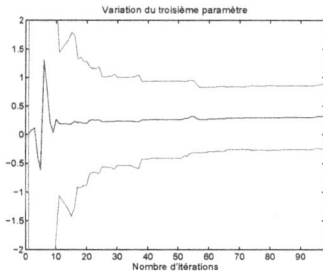

FIG. 3.32 – *Evolution du paramètre θ_3^{s1} et de ses incertitudes*

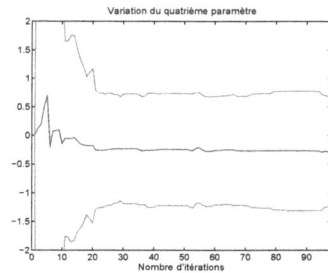

FIG. 3.33 – *Evolution du paramètre θ_1^{s2} et de ses incertitudes*

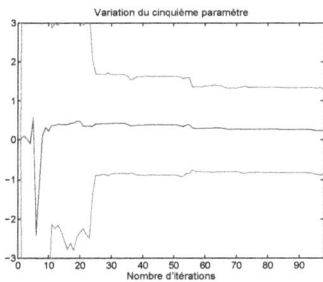

FIG. 3.34 – *Evolution du paramètre θ_2^{s2} et de ses incertitudes*

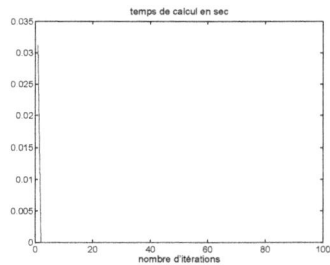

FIG. 3.35 – *Evolution du temps de calcul*

Les figures (3.30)-(3.34) montrent l'évolution des paramètre. Le centre de l'ellipsoïde est considéré comme étant le meilleur estimateur du vecteur de paramètres.

3.4 Conclusion

Dans ce chapitre on a procédé à l'identification des domaines d'incertitude des paramètres du modèle résultant de la décomposition d'un système MISO sur la base de fonctions orthogonale généralisée. Pour que cette identification puisse être exécutée, une identification préalable est indispensable, il s'agit de la détermination des pôles et de l'ordre de troncature de la base BOG. Pour ceci on a proposé une méthode permettant de déterminer les valeurs optimales des pôles de la base où le problème d'optimisation est formulé en un problème de recherche de racines d'un polynôme. La méthode proposée a été testée en simulation sur deux exemples où l'on étudie la convergence des pôles et on procède à la validation en comparant la sortie réelle du système et la sortie du modèle BOG obtenue en utilisant les valeurs des pôles déterminées. L'influence du rapport signal sur bruit sur la qualité de l'estimation a été également étudiée. Concernant la mise à jour du domaine d'appartenance des paramètres, trois domaines ont été traités, il s'agit du polytope, de l'orthotope et de l'ellipsoïde. Ces domaines vont servir pour synthétiser une commande robuste capable de satisfaire les objectifs désirés pour tout vecteur de paramètres appartenant au domaine d'appartenance. Ceci fera l'objet du prochain chapitre où la stratégie adoptée sera la commande prédictive.

Chapitre 4

Commande prédictive robuste des systèmes MIMO

4.1 Introduction

Les premiers résultats théoriques et pratiques liés à la commande prédictive ont été obtenus à la fin des années 70 et c'est à partir des années 80 que ce domaine a commencé à intéresser plusieurs chercheurs. Plusieurs méthodes basées sur les concepts prédictifs ont été développées telle que la Commande Prédictive Généralisée (GPC), développée par David Clarke et son équipe [Clarke et al, 1987] et qui sera la plus largement utilisée par la suite. Le modèle utilisé est de type CARIMA (Controlled AutoRegressive Integrated Moving Average). D'autres méthodes de commande prédictive ont vu le jour telles que la méthode MPHC (Model Predictive Heuristic Control) qui utilise un modèle de type réponse impulsionnelle et la méthode DMC (Dynamic Matrix Control) qui utilise un modèle de type réponse indicielle et d'autres méthodes qui utilisent le modèle d'état. Tous ces types de commandes sont aujourd'hui groupés sous la dénomination de commande prédictive à base de modèle (Model Based Predictive Control : MPC).

L'objectif de la commande prédictive est de déterminer une séquence de commande futures et ce en optimisant un critère de performance donné sur un horizon de prédiction donné; seule la première entrée calculée est appliquée au processus, et les calculs sont repris à l'instant suivant, d'où le nom de la commande à horizon glissant. La commande prédictive offre l'avantage de prendre en compte les contraintes sur les signaux d'entrée/sortie résultant des limitations des actionneurs et des capteurs et de satisfaire les besoins de sécurité.

La commande prédictive permet aussi de prendre en compte les contraintes dues aux incertitudes paramétriques ce qui conduit à une stratégie de commande pire cas; les paramètres du modèle appartiennent à un domaine d'appartenance de type ellipsoïde et la séquence de commandes doit satisfaire le critère de performance pour tout vecteur de paramètres du modèle appartenant à ce domaine. Cette stratégie de commande prédictive robuste a été développée dans [Favier et Oliveira, 2002] dans le cas d'un système monovariable où une modélisation de Laguerre est utilisée et le domaine d'appartenance est un orthotope. La conjugaison de deux types de contraintes lors de l'optimisation du critère de performance revient à résoudre un problème de type **min-max** où on cherche à déterminer la séquence de commandes futures, parmi un ensemble de commandes admissibles, qui minimise le maximum du critère de performance obtenu en balayant tout le domaine d'appartenance. Toutefois la maximisation précitée nécessite un temps de calcul assez important dans la mesure où le nombre de vecteurs de paramètres contenus dans le domaine d'appartenance est infini. Pour contourner cette difficulté et utilisant la propriété de convexité du critère par rapport au domaine d'appartenance [Favier et Oliveira, 2002], la maximisation est effectuée en testant uniquement les sommets du domaine d'appartenance. Toutefois cette convexité est garantie suite à la décomposition du système sur une base de fonctions orthogonales.

Dans ce chapitre, on s'intéresse à la synthèse d'une commande prédictive robuste (CPR) basée sur une modélisation issue de la décomposition d'un système multivariable sur la base orthogonale généralisée (BOG). Le domaine d'appartenance des paramètres est un orthotope circonscrit à l'ellipsoïde obtenu suite à l'acquisition d'un nombre suffisant de mesure. Trois critères de performance ont été considérés, il s'agit du critère quadratique, du critère basée sur la norme ℓ_1 et du critère basée sur la norme infinie. La résolution du problème min-max a été obtenue en utilisant les techniques LMI (Linear Matrix Inequalities).

Dans le deuxième paragraphe de ce chapitre on introduit la stratégie où l'on donne la méthodologie d'une commande MPC à partir d'un schéma définissant le comportement futur du système. Puis, on définit les critères de performance à optimiser en tenant compte de la modélisation du système à commander sur la base orthogonale généralisée et les contraintes sur les signaux d'entrée/sortie. Le troisième paragraphe traite le calcul du prédicteur à i-pas de la sortie du modèle issu de la décomposition du système MIMO sur les BOG et le quatrième paragraphe termine le précédent par la prise en compte des incertitudes de ce modèle. Dans le cinquième paragraphe, on transforme les algorithmes de commande prédictive robuste en un problème d'optimisation de type LMI et on termine par présenter des résultats de simulation afin de valider l'es algorithmes proposés tout en étudiant l'influence des paramètres de réglage.

4.2   Stratégie de la commande MPC

4.2.1   Principe général

Le principe général d'une commande prédictive MPC peut s'illustrer par la figure (4.1).

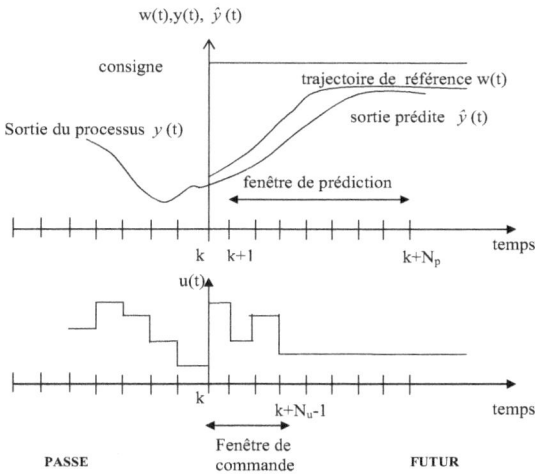

FIG. 4.1 – *Stratégie de la commande prédictive*

Où $u(t)$, $w(t)$, $y(t)$ et $\widehat{y}(t)$ sont respectivement l'entrée, la référence, la sortie et la sortie prédite du système à l'instant i et k dénote le temps discret.

Le principe de la commande MPC peut être caractérisé, à chaque instant k, comme suit :

1. Calcul de la la prédiction de la sortie du système $\widehat{y}(k+i/k)$ sur l'horizon de prédiction $[k+1, k+N_p]$, à partir des entrées appliquées au processus jusqu'à l'instant $(k-1)T$

et des sorties mesurées jusqu'à l'instant kT et ce en disposant d'un modèle et de la sortie du système,.

2. Calcul d'une séquence de commandes futures $u(k+i)$, $i = 0, \ldots, N_u - 1$ (N_u étant l'horizon de commande) en optimisant un critère de performance exprimés en terme des écarts entre les sorties prédites et les sorties désirées, sur l'horizon de prédiction N_p.

3. Seul le premier élément $u(k)$ de la séquence obtenue est appliqué au système. Ceci est connu sous le nom de l'horizon fuyant ou glissant.

4.2.2   Modélisation du système

Pour l'implémentation de la stratégie de la commande prédictive, la structure de base de la figure (4.2) [Migliore, 2004] est mise en oeuvre.

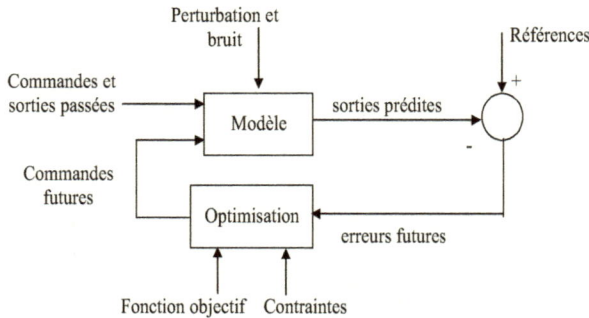

FIG. 4.2 – *Schéma fonctionnel de la structure de base des algorithmes MPC*

Le modèle choisi doit être capable de rendre compte de la dynamique du processus pour prédire précisément les sorties futures et doit aussi être simple à implémenter. Les algorithmes de commande MPC diffèrent par le modèle utilisé pour représenter le procédé et les bruits, et par la fonction coût à minimiser.

Dans le cas d'une commande prédictive robuste (CPR), celle ci est généralement basée sur l'utilisation d'un modèle de type FIR dont l'inconvénient majeur est le nombre élevé de coefficients, ce qui entraîne la complexité du domaine d'incertitude paramétrique d'une part et celle du calcul de la commande d'autre part. Ces conséquences ont conduit d'autres auteurs à proposer un algorithme de commande prédictive robuste basé sur un modèle de type CARIMA afin de réduire le nombre de paramètres. Cependant, un autre problème surgit résultant de la non convexité du critère à minimiser vis-à-vis des coefficients de la partie Auto Regressive (AR) du modèle. En effet, l'absence de la convexité nécessite la recherche d'une commande optimale en testant tous les modèles de l'ensemble d'apparte-nance ce qui alourdit le calcul. Pour contourner ce problème et garantir la convexité du critère, [Favier et Oliveira, 2002] ont développé un algorithme de commande prédictive robuste basé sur le modèle de Laguerre. Ce modèle engage un nombre de paramètres réduit d'une part et garantit la convexité du critère de performance vis-à-vis du domaine d'incertitude, ce qui permet de simplifier l'optimisation en se limitant aux vecteurs de pa-ramètres correspondant aux sommets du domaine. Cependant, pour le cas d'un système à dynamiques éloignées ou d'un système oscillant, la base de Laguerre n'est plus appropriée pour représenter ce système. A ce propos on a recours à la base BOG afin de réduire le nombre de paramètres du modèle résultant.

4.2.2.1   Mise en équation du système

La description du procédé sous forme d'une représentation d'état présente l'avantage qu'elle décrit facilement les systèmes multivariables. On considère dans notre étude la représentation d'état basée sur la modélisation issue de la décomposition d'un système MIMO à r entrées et m sorties sur la base orthogonale généralisée

$$\mathbf{X}(k) = \mathbf{A}\ \mathbf{X}(k-1) + \mathbf{B}\ \underline{u}(k-1) \tag{4.1}$$

$$\widehat{\underline{y}}(k) = \mathbf{C}\ \mathbf{X}(k) \tag{4.2}$$

Où $\underline{u}(k)$ et $\widehat{\underline{y}}(k)$ sont les vecteurs d'entrées et de sorties de dimension respective r et m et définis comme suit :

$$\underline{u}(k) = \left[\begin{array}{cccc} u_1(k) & u_2(k) & \cdots & u_r(k) \end{array}\right]^T \quad et \quad \widehat{\underline{y}}(k) = \left[\begin{array}{cccc} \widehat{y}_1(k) & \widehat{y}_2(k) & \cdots & \widehat{y}_m(k) \end{array}\right]^T$$

et $\mathbf{X}(k)$ est le vecteur d'état de dimension n, $\mathbf{A}$, $\mathbf{B}$ et $\mathbf{C}$ sont des matrices de dimen-sions respectives $(n \times n)$, $(n \times r)$ et $(m \times n)$.

où $n = \displaystyle\sum_{s=1}^{m}\sum_{j=1}^{r}(N_{sj}+1)$ et $(N_{sj}+1)$ est le nombre de filtres du réseau de la BOG associé à l'entrée u_j et la sortie y_s. Ces différentes matrices peuvent être déterminées suite à une extension de la représentation d'état développée dans la section 2.5.2 à la page 70. Dans ce cas on aura :

$$\mathbf{A} = \begin{bmatrix} A_1 & \mathbf{0} & \cdots & \mathbf{0} \\ \mathbf{0} & A_2 & \cdots & \mathbf{0} \\ \vdots & \vdots & \ddots & \vdots \\ \mathbf{0} & \mathbf{0} & \cdots & A_m \end{bmatrix}, \mathbf{B} = \begin{bmatrix} B_1 \\ \vdots \\ B_m \end{bmatrix} \mathbf{C} = \begin{bmatrix} C_1 & \mathbf{0} & \cdots & \mathbf{0} \\ \mathbf{0} & C_2 & \cdots & \mathbf{0} \\ \vdots & \vdots & \ddots & \vdots \\ \mathbf{0} & \mathbf{0} & \cdots & C_m \end{bmatrix}, \tag{4.3}$$

avec

$$A_s = \begin{bmatrix} A^{s1} & 0 & \cdots & 0 \\ 0 & A^{s2} & \cdots & 0 \\ \vdots & 0 & \ddots & \vdots \\ 0 & 0 & \cdots & A^{sr} \end{bmatrix}, B_s = \begin{bmatrix} B^{s1} & 0 & \cdots & 0 \\ 0 & B^{s2} & \cdots & 0 \\ \vdots & 0 & \ddots & \vdots \\ 0 & 0 & \cdots & B^{sr} \end{bmatrix} \quad pour \quad s = 1, \ldots, m \tag{4.4}$$

où les matrices A^{sj} et B^{sj} pour $s = 1, \ldots, m$ et $j = 1, \ldots, r$ sont données par (2.96). C_s, $s = 1, \ldots, m$ est le vecteur des paramètres de dimension $\sum_{j=1}^{r}(N_{sj} + 1)$ défini par :

$$C_s = \begin{bmatrix} [\underline{\theta}^{s1}]^T & [\underline{\theta}^{s2}]^T & \cdots & [\underline{\theta}^{sr}]^T \end{bmatrix} \tag{4.5}$$

avec $\underline{\theta}^{sj} = \begin{bmatrix} \theta_0^{sj} & \theta_1^{sj} & \cdots & \theta_{N_{sj}}^{sj} \end{bmatrix}^T$
et

$$\mathbf{X}(k) = \begin{bmatrix} X_1(k) \\ \vdots \\ X_m(k) \end{bmatrix} \tag{4.6}$$

où $X_s(k)$ est un vecteur de dimension $\sum_{j=1}^{r}(N_{sj} + 1)$ défini $\forall s = 1, \ldots, m$, comme suit :

$$\begin{cases} X_s(k) = \begin{bmatrix} \underline{x}^{s1}(k) & \underline{x}^{s2}(k) & \cdots & \underline{x}^{sr}(k) \end{bmatrix}^T \\ \underline{x}^{sj}(k) = \begin{bmatrix} x_0^{sj}(k) & x_1^{sj}(k) & \cdots & x_{N_{sj}}^{sj}(k) \end{bmatrix} \end{cases} \tag{4.7}$$

$x_d^{sj}(k)$, $d = 1, \ldots, N_{sj}$ étant la sortie du d ième filtre associé à l'entrée u_j et la sortie y_s.

4.2.2.2 Fonctions de coût

Les divers algorithmes MPC proposent différentes fonctions de coût pour le calcul de la commande. Parmi ces fonctions, on traitera celles qui utilisent respectivement la norme euclidienne, la norme infinie et la norme l_1 et qui seront formulées sur les systèmes MIMO.

Critère quadratique :

L'objectif principal consiste à minimiser l'erreur quadratique entre les prédictions des sorties et les consignes futures, conformément au schéma de la figure (4.2). Cela signifie qu'il doit réaliser une estimation des prédictions des valeurs des sorties $\widehat{y}_s$, $s = 1, \ldots, m$ aux instants d'échantillonnage futurs en fonction des valeurs futures des entrées u_j, $j = 1, \ldots, r$. Les valeurs des grandeurs de références w_s, $s = 1, \ldots, m$ sont supposées connues non seulement à l'instant k présent, mais également pendant les horizons de prédiction. A chaque instant d'échantillonnage, il y a élaboration de N_u^j incréments de commandes futures δu_j, optimales au sens du critère suivant :

$$J_2\left(\underline{u}(k)\right) = \sum_{s=1}^{m} \sum_{i=1}^{N_p^s} \left[\widehat{y}_s(k+i/k) - w_s(k+i)\right]^2 + \sum_{j=1}^{r} \lambda_j \sum_{i=1}^{N_u^j} \left[\delta u_j(k+i-1)\right]^2 \qquad (4.8)$$

avec $N_u^j \leq N_p^s$, $\forall \; j = 1, \ldots, r$ et $s = 1, \ldots, m$; $\delta u_j\;(k+i) = 0$, $\forall \; i \geq N_u^j$. N_p^s et N_u^j sont des entiers strictement positifs associés respectivement à la sortie y_s et à l'entrée u_j et λ_j sont des scalaires positifs.

La fonction de coût $J_2\left(\underline{u}(k)\right)$ comprend deux termes:

- le premier, $\displaystyle\sum_{s=1}^{m} \sum_{i=1}^{N_p^s} \left[\widehat{y}_s(k+i/k) - w_s(k+i)\right]^2$, est la somme des carrées de l'erreur entre les sorties prédites et les signaux de référence futurs;

- le second, $\displaystyle\sum_{j=1}^{r} \lambda_j \sum_{i=1}^{N_u} \left[\delta u_j(k+i-1)\right]^2$, est un terme proportionnel à l'énergie fournie par les commandes. Ce terme est pondéré par λ_j, qui permet de réaliser un compromis entre la qualité de la poursuite de la consigne et le coût énergétique, mesurés respectivement à l'aide de la première et de la deuxième sommes du critère. Ce terme permet d'éviter les signaux de commande trop importants (seule une optimisation sous contraintes du critère $J_2\left(\underline{u}(k)\right)$ permet d'assurer que les commandes restent à l'intérieur des intervalles imposés).

Critère basé sur la norme infinie :

On considère ci-après un critère faisant appel à la norme infinie choisi comme suit :

$$J_\infty = \sum_{s=1}^{m} \max_{i=1,\dots,N_p^s} | \widehat{y}_s(k+i/k) - w_s(k+i)| \qquad (4.9)$$

Critère basé sur la norme l_1 :

Dans ce cas la fonction objectif est donnée par :

$$J_1 = \sum_{s=1}^{m} \sum_{i=1}^{N_p^s} | \widehat{y}_s(k+i/k) - w_s(k+i)| + \sum_{j=1}^{r} \lambda_j \sum_{i=1}^{N_u^j} | \delta u_j(k+i-1)| \qquad (4.10)$$

4.2.3 Modélisation des contraintes

En pratique, les processus à commander sont généralement soumis à des contraintes liées à la technologie des actionneurs, à la sécurité du système à commander ou encore à la qualité du produit issu du processus commandé. Les points de fonctionnement étant souvent déterminés de façon à satisfaire des objectifs économiques, le système de commande maintient le processus proche de ses limites, ce qui peut entraîner assez fréquemment des violations de contraintes. Les méthodes MPC permettent d'anticiper la violation des contraintes compte tenu de leur caractère prédictif. Ces contraintes, de type inégalité, portent en général sur l'amplitude des signaux d'entrée-sortie et la variation du signal de commande.

$$
\begin{aligned}
u_j^{min} \leq u_j(k+i) \leq u_j^{max} \qquad & \forall i \in [0, N_u^j - 1] \quad et \quad j = 1,\dots, r \\
\delta u_j^{min} \leq \delta u_j(k+i) \leq \delta u_j^{max} \qquad & \forall i \in [0, N_u^j - 1] \quad et \quad j = 1,\dots, r \\
y_s^{min} \leq \widehat{y}_s(k+i) \leq y_s^{max} \qquad & \forall i \in [1, N_p^s] \quad et \quad s = 1,\dots, m
\end{aligned}
\qquad (4.11)
$$

où $\delta u_j(k+i)$ représente la variation de la commande pour le j ième entrée, appelée aussi incrément de commande, à l'instant $(k+i)T$, définie ainsi :
$\delta u_j(k+i) = u_j(k+i) - u_j(k+i-1)$. Dans la suite, on pose $N_u = max\{N_u^j\}_{j=1,\dots, r}$ et $N_p = max\{N_p^s\}_{s=1,\dots, m}$.

Si on définit les vecteurs :

$$\underline{U}(k) = \left[\begin{array}{ccc} \underline{u}^T(k) & \ldots & \underline{u}^T(k+N_u-1) \end{array} \right]^T \quad \in \mathbb{R}^{rN_u}$$

et $\quad \underline{u}(k+i-1) = \left[\begin{array}{ccc} u_1(k+i-1) & \ldots & u_r(k+i-1) \end{array} \right]^T, \quad i = 1, \ldots, N_u$

$$\Delta U(k) = \left[\begin{array}{cccccc} \delta u_1(k) & \ldots & \delta u_r(k) & \ldots & \delta u_1(k+N_u-1) & \ldots & \delta u_r(k+N_u-1) \end{array} \right]^T \quad \in \mathbb{R}^{rN_u}$$

$$\widehat{\underline{Y}}(k) = \left[\begin{array}{ccc} \widehat{\underline{y}}^T(k+1) & \ldots & \widehat{\underline{y}}^T(k+N_p) \end{array} \right]^T \quad \in \mathbb{R}^{mN_p}$$

et $\quad \widehat{\underline{y}}(k+i) = \left[\begin{array}{ccc} \widehat{y}_1(k+i) & \cdots & \widehat{y}_m(k+i) \end{array} \right]^T, \quad i = 1, \ldots, N_p$

le système (4.11) peut s'écrire sous la forme matricielle suivante :

$$\begin{array}{c} U_m \leq \underline{U}(k) \leq U_M \\ \Delta U_m \leq \Delta U(k) \leq \Delta U_M \\ Y_m \leq \widehat{\underline{Y}}(k) \leq Y_M \end{array} \tag{4.12}$$

avec

$$U_m = \left[\begin{array}{cccccccc} u_1^{min} & \ldots & u_r^{min} & \ldots & u_1^{min} & \ldots & u_r^{min} \end{array} \right]^T \quad \in \mathbb{R}^{rN_u}$$

$$\Delta U_m = \left[\begin{array}{cccccccc} \delta u_1^{min} & \ldots & \delta u_r^{min} & \ldots & \delta u_1^{min} & \ldots & \delta u_r^{min} \end{array} \right]^T \quad \in \mathbb{R}^{rN_u}$$

$$U_M = \left[\begin{array}{cccccccc} u_1^{max} & \ldots & u_r^{max} & \ldots & u_1^{max} & \ldots & u_r^{max} \end{array} \right]^T \quad \in \mathbb{R}^{rN_u}$$

$$\Delta U_M = \left[\begin{array}{cccccccc} \delta u_1^{max} & \ldots & \delta u_r^{max} & \ldots & \delta u_1^{max} & \ldots & \delta u_r^{max} \end{array} \right]^T \quad \in \mathbb{R}^{rN_u}$$

$$Y_M = \left[\begin{array}{cccccccc} y_1^{max} & \cdots & y_m^{max} & \ldots & y_1^{max} & \ldots & y_m^{max} \end{array} \right]^T \quad \in \mathbb{R}^{mN_p}$$

$$Y_m = \left[\begin{array}{cccccccc} y_1^{min} & \cdots & y_m^{min} & \ldots & y_1^{min} & \ldots & y_m^{min} \end{array} \right]^T \quad \in \mathbb{R}^{mN_p}$$

En remarquant que :

$$u_j(k+i) = \sum_{\ell=0}^{i} \delta u_j(k+i-\ell) + u_j(k-1) \quad pour \; j = 1, \ldots, r \tag{4.13}$$

on a

$$\underline{U} = D_1 \Delta U + V_1 \tag{4.14}$$

avec

$$D_1 = \begin{pmatrix} I_r & \mathbf{0}_r & \cdots & \mathbf{0}_r \\ I_r & I_r & \ddots & \vdots \\ \vdots & \vdots & \ddots & \mathbf{0}_r \\ I_r & \cdots & I_r & I_r \end{pmatrix} \quad et \quad V_1 = \begin{pmatrix} u_1(k-1) \\ \vdots \\ u_r(k-1) \\ \vdots \\ u_1(k-1) \\ \vdots \\ u_r(k-1) \end{pmatrix} \tag{4.15}$$

où D_1 est une matrice de dimension (rN_u, rN_u) et V_1 un vecteur de dimension rN_u, I_r est la matrice identité de dimension (r,r) et $\mathbf{0}_r$ est la matrice carrée de dimension r dont ses éléments sont des zéros. En tenant compte de la relation (4.14), les deux premières contraintes du systèmes (4.12) peuvent être écrites en fonction du vecteur ΔU des incréments de commande futurs sous la forme matricielle suivante :

$$\Gamma \Delta U \leq V \tag{4.16}$$

avec

$$\Gamma = \begin{bmatrix} I_{rN_u} \\ -I_{rN_u} \\ D_1 \\ -D_1 \end{bmatrix}, \quad et \quad V = \begin{bmatrix} \Delta U_M \\ -\Delta U_m \\ U_M - V_1 \\ -U_m + V_1 \end{bmatrix} \tag{4.17}$$

où I_{rN_u} est une matrice identité d'ordre $r \times N_u$.

La prise en compte des contraintes (4.16) de type inégalité conduit à la résolution d'un problème d'optimisation classique

$$\min_{\Delta U \in \delta\Psi} J(\Delta U) \tag{4.18}$$

où $J(\Delta U)$ est le critère de performance qui peut prendre les expressions données par les relations (4.8),(4.9) ou (4.10) et $\delta\Psi$ représente l'ensemble admissible des incréments de commande futurs, défini par :

$$\delta\Psi = \{\Delta U / \Gamma \Delta U \leq V\} \tag{4.19}$$

4.3 Prédicteur à i-pas de la sortie d'un modèle issu de la BOG

Dans cette partie, nous allons déterminer le prédicteur à i-pas de la sortie, construit sur un modèle issu de la décomposition du système multivariable sur la base BOG et mis sous forme incrémentale.

Le calcul de prédicteur pour les systèmes SISO basé sur le modèle de Laguerre a été développé par [Favier et Oliveira, 2002] et qui sera exploité dans notre étude.

En supposant l'erreur de modélisation négligeable et après multiplication par le polynôme $\Delta(z^{-1}) = 1 - z^{-1}$, l'équation d'état (4.1)-(4.2) du modèle issu de la BOG s'écrit sous la forme incrémentale suivante :

$$\delta X(k) = \mathbf{A}\delta X(k-1) + \mathbf{B}\delta \underline{u}(k-1) \tag{4.20}$$

$$\widehat{\underline{y}}(k) = \widehat{\underline{y}}(k-1) + \mathbf{C}\delta X(k) \tag{4.21}$$

où les incréments de commande et du vecteur d'état sont définis par :

$$\delta \underline{u}(k) = \left[\begin{array}{ccc} \delta u_1(k) & \dots & \delta u_r(k) \end{array} \right]^T$$

$$\delta u_j(k) = u_j(k) - u_j(k-1); \quad pour \ j = 1, \dots, r \tag{4.22}$$

$$\delta X(k) = X(k) - X(k-1)$$

La prédiction à i-pas des sorties se déduit de l'équation de mesure (4.21). En appliquant la même démarche pour le calcul du prédicteur à i-pas que celle développée dans [Favier et Oliveira, 2002], on trouve :

$$\widehat{\underline{y}}(k+i/k) = \widehat{\underline{y}}(k) + \mathbf{C}\sum_{j=1}^{i}\mathbf{A}^j \delta X(k) + \mathbf{C}\sum_{j=1}^{min(i,N_u)}\left(\sum_{\ell=0}^{i-j}\mathbf{A}^\ell\right)\mathbf{B}\delta \underline{u}(k+j-1) \tag{4.23}$$

Définissons

$$\mathbf{K}_i = \sum_{j=0}^{i}\mathbf{A}^j \quad pour \ i \geq 0 \ et \quad \mathbf{K}_i = 0 \quad pour \ i < 0 \tag{4.24}$$

nous obtenons

$$\widehat{\underline{y}}(k+i/k) = \widehat{\underline{y}}(k) + \mathbf{C}\left[\mathbf{K}_i - I_n\right]\delta X(k) + \mathbf{C}\sum_{j=1}^{min(i,N_u)}\mathbf{K}_{i-j}\mathbf{B}\delta \underline{u}(k+j-1) \tag{4.25}$$

où $n = \sum_{s=1}^{m} \sum_{i=1}^{r} (N_{si} + 1)$ et I_n est une matrice identité de dimension n, par suite, la prédiction à i pas de la sortie peut être décomposée en deux termes comme suit :

$$\widehat{\underline{y}}(k + i/k) = \widehat{\underline{y}}_\ell(k + i/k) + \widehat{\underline{y}}_f(k + i/k) \qquad (4.26)$$

Le premier terme $\widehat{\underline{y}}_\ell(k + i/k) = \begin{bmatrix} \widehat{y}_1^\ell(k + i/k) & \ldots & \widehat{y}_m^\ell(k + i/k) \end{bmatrix}^T$, $\widehat{y}_s^\ell(k + i/k)$, $s = 1, \ldots, m$ correspond à la réponse libre du sous-système MISO s, il dépend exclusivement des sorties du processus mesurées jusqu'à l'instant kT et des commandes appliquées au même processus jusqu'à l'instant $(k - 1)T$.

$$\widehat{\underline{y}}_\ell(k + i/k) = \widehat{\underline{y}}(k) + \mathbf{C} \left[\mathbf{K}_i - I_n \right] \delta X(k) \qquad (4.27)$$

Le deuxième terme $\widehat{\underline{y}}_f(k + i/k) = \begin{bmatrix} \widehat{y}_1^f(k + i/k) & \ldots & \widehat{y}_m^f(k + i/k) \end{bmatrix}^T$, $\widehat{y}_s^f(k + i/k)$, $s = 1, \ldots, m$ correspond à la réponse forcée du sous-système MISO s, c'est-à-dire, il est fonction des commandes futures qui sont à optimiser.

$$\widehat{\underline{y}}_f(k + i/k) = \mathbf{C} \sum_{j=1}^{min(i,N_u)} \mathbf{K}_{i-j} \mathbf{B} \, \delta \underline{u}(k + j - 1) \qquad (4.28)$$

Le vecteur $\widehat{\underline{y}}(k)$ des prédictions, sur l'horizon de prédiction $[k + 1, \, k + N_p]$, se réécrit sous la forme matricielle suivante :

$$\widehat{\underline{Y}}(k) = \widehat{\underline{Y}}_\ell(k) + \widehat{\underline{Y}}_f(k) \qquad (4.29)$$

Avec $\widehat{\underline{Y}}(k)$, $\widehat{\underline{Y}}_\ell(k)$ et $\widehat{\underline{Y}}_f(k)$ sont des vecteurs de dimensions mN_p. Les éléments du vecteur $\widehat{\underline{Y}}_\ell(k)$ sont calculés en utilisant l'expression (4.27) pour $i = 1, \ldots, N_p$. Le vecteur $\widehat{\underline{Y}}_f(k)$ peut s'écrire comme suit :

$$\widehat{\underline{Y}}_f(k) = \mathbf{G} \, \Delta U(k) \qquad (4.30)$$

avec $\Delta U(k)$ est le vecteur des incréments de commande défini sur un horizon de commande $[k + 1, \, k + N_u]$, de dimension $r \times N_u$

$$\Delta U(k) = \begin{bmatrix} \delta u_1(k) & \ldots & \delta u_r(k) & \ldots & \delta u_1(k + N_u - 1) & \ldots & \delta u_r(k + N_u - 1) \end{bmatrix}^T \qquad (4.31)$$

et $\mathbf{G}$ est une matrice de dimension $(mN_p \, , \, r \times N_u)$, donnée par :

$$\mathbf{G} = \begin{pmatrix} \mathbf{G}_1 & \mathbf{0}_{mr} & \cdots & \mathbf{0}_{mr} \\ \mathbf{G}_2 & \mathbf{G}_1 & \cdots & \vdots \\ \vdots & \vdots & \ddots & \mathbf{0}_{mr} \\ \mathbf{G}_{N_u} & \cdots & \cdots & \mathbf{G}_1 \\ \vdots & \cdots & \cdots & \vdots \\ \mathbf{G}_{N_p} & \cdots & \cdots & \mathbf{G}_{N_p-N_u-1} \end{pmatrix} \tag{4.32}$$

où $\mathbf{0}_{mr}$ est une matrice de dimension $m \times r$ à des éléments nuls et

$$\mathbf{G}_i = \mathbf{C} \, \mathbf{K}_{i-1} \, \mathbf{B} = \sum_{j=0}^{min(i,N_u)-1} \mathbf{C} \, \mathbf{A}^j \, \mathbf{B} \quad \in \mathbf{R}^{mr} \tag{4.33}$$

En tenant compte des contraintes sur les sorties et l'expression du vecteur des prédictions $\widehat{\underline{Y}}(k)$ en fonction du vecteur des incréments de commande $\Delta U(k)$, les contraintes (4.12) deviennent :

$$\widetilde{\Gamma} \Delta U \leq \widetilde{V} \tag{4.34}$$

avec

$$\widetilde{\Gamma} = \begin{bmatrix} I_{rN_u} \\ -I_{rN_u} \\ D_1 \\ -D_1 \\ \mathbf{G} \\ -\mathbf{G} \end{bmatrix}, \quad et \quad \widetilde{V} = \begin{bmatrix} \Delta U_M \\ -\Delta U_m \\ U_M - V_1 \\ -U_m + V_1 \\ Y_M - \widehat{\underline{Y}}_\ell \\ -Y_m + \widehat{\underline{Y}}_\ell \end{bmatrix} \tag{4.35}$$

Ainsi le vecteur de commande optimal peut être obtenu au moyen de la solution du problème :

$$\triangle U_{opt} = arg \min_{\triangle U \in \triangle \Psi} J(\Delta U) \tag{4.36}$$

où $\triangle \Psi$ représente l'ensemble admissible des incréments de commande futurs, défini par :

$$\Delta \Psi = \left\{ \Delta U / \, \widetilde{\Gamma} \Delta U \leq \, \widetilde{V} \right\} \tag{4.37}$$

et $J(\Delta U) = J_2(\Delta U)$, $J_1(\Delta U)$ ou $J_\infty(\Delta U)$ définis respectivement par (4.8), (4.10) ou (4.9).

4.4   Prise en compte des incertitudes du modèle

Dans le cas d'un modèle incertain issu de la décomposition du système sur la base BOG, les incertitudes paramétriques désignées par σ sont localisées uniquement au niveau de la matrice $\mathbf{C}$. L'incertitude, inconnue mais bornée, est ajoutée à chaque sortie du modèle pour produire les vraies sorties du système. Ainsi, tous les paramètres appartenant à la matrice $\mathbf{C}$ peuvent être traités en m vecteurs C_s, $s = 1, \ldots, m$ en affectant chacun de ces vecteurs à sa sortie correspondante. Cette décomposition nous permet d'utiliser la modélisation sous forme d'ensembles d'appartenance traitée dans le chapitre précédent pour les systèmes MISO. A partir de (4.2), (4.3), (4.5), et en tenant compte des incertitudes paramétriques, on obtient

$$\widehat{y}_s(k) = C_s(\sigma^s)X_s(k) = \sum_{j=1}^{r} \underline{x}^{sj}(k)\underline{\theta}^{sj} = \sum_{j=1}^{r}\sum_{n=0}^{N_{sj}} \theta_n^{sj}(\sigma_n^{sj})x_n^{sj}(k) \qquad (4.38)$$

avec σ_n^{sj} représente l'incertitude du coefficient θ_n^{sj}. Les incertitudes sont supposées bornées.

i.e. $(\theta_n^{sj})_{min} \leq \theta_n^{sj}(\sigma_n^{sj}) \leq (\theta_n^{sj})_{max} \; \forall \, j = 1, \ldots, r, \; s = 1, \ldots, m \; et \; n = 0, \ldots, N_{sj}.$

Chaque coefficient de Fourier $\theta_n^{sj}(\sigma_n^{sj})$ peut être représenté par une valeur optimale $\overline{\theta}_n^{sj}$ et l'écart absolu maximum $\delta\theta_n^{sj}$ par rapport à cette valeur, d'où :

$$\theta_n^{sj}(\sigma_n^{sj}) = \overline{\theta}_n^{sj} + \sigma_n^{sj} = \overline{\theta}_n^{sj} + \epsilon_n^{sj}\,\delta\theta_n^{sj} \qquad (4.39)$$

avec $|\epsilon_n^{sj}| \leq 1$.

Par conséquent le vecteur de paramètres de la sortie y_s peut s'écrire comme suit :

$$[C_s(\sigma^s)]^T = [\overline{C}_s]^T + [\sigma^s]^T \qquad (4.40)$$

où

$$\overline{C}_s = \left[\begin{array}{cccc} \underline{\overline{\theta}}^{s1} & \underline{\overline{\theta}}^{s2} & \cdots & \underline{\overline{\theta}}^{sr} \end{array}\right] \; et \; \underline{\overline{\theta}}^{sj} = \left[\begin{array}{ccc} \overline{\theta}_0^{sj} & \cdots & \overline{\theta}_{N_{sj}}^{sj} \end{array}\right] \qquad (4.41)$$

$$\sigma^s = \left[\begin{array}{ccc} \underline{\sigma}^{s1} & \cdots & \underline{\sigma}^{sr} \end{array}\right] \; avec \; \underline{\sigma}^{sj} = \left[\begin{array}{ccc} \epsilon_0^{sj}\,\delta\theta_0^{sj} & \cdots & \epsilon_{N_{sj}}^{sj}\,\delta\theta_{N_{sj}}^{sj} \end{array}\right] \qquad (4.42)$$

Ainsi $\sigma^s \in \Omega_s$ est un vecteur englobant toutes les incertitudes paramétriques du modèle de la base BOG associé à la sortie y_s; Ω_s étant son domaine d'incertitude. Dans notre cas on considère les formes géométriques de type polytopique et orthotopique. Ce dernier donne des intervalles d'incertitudes assez importants si le nombre des paramètres est élevé, ce qui est le cas pour les systèmes MISO. Pour contourner ce problème, on procède à la mise à jour des domaine d'incertitude paramétrique de type ellipsoïdale et on retient l'orthotope circonscrit à l'ellipsoïde obtenue à la dernière itération.

Le vecteur de commande optimal s'obtient en utilisant la méthodologie min-max. Le problème consiste à determiner la commande qui minimise le maximum de la fonction de coût J sur l'ensemble des modèles définis dans la bande qui limite toutes les familles :

$$\triangle U_{opt} = arg \min_{\triangle U} \max_{\sigma \in \Omega} J(\triangle U, \sigma) \tag{4.43}$$

avec $\Omega = \bigcup_{s=1}^{m} \Omega_s$, $\sigma = \bigcup_{s=1}^{m} \sigma^s$ et $J(\triangle U, \sigma)$ peut prendre l'une des formes suivantes :

$$J_\infty(\sigma) = \sum_{s=1}^{m} \max_{i=1,\ldots,N_p} | \widehat{y}_s(k+i/k,\sigma^s) - w_s(k+i)| \tag{4.44}$$

$$J_1(\triangle U, \sigma) = \sum_{s=1}^{m} \sum_{i=1}^{N_p} | \widehat{y}_s(k+i/k,\sigma^s) - w_s(k+i)| + \sum_{\ell=1}^{r} \lambda_\ell \sum_{j=1}^{N_u} | \delta u_\ell(k+j-1)| \tag{4.45}$$

$$J_2(\triangle U, \sigma) = \sum_{s=1}^{m} \sum_{j=1}^{N_p} [\widehat{y}_s(k+j/k,\sigma^s) - w_s(k+j)]^2 + \sum_{\ell=1}^{r} \lambda_\ell \sum_{j=1}^{N_u} [\delta u_\ell(k+j-1)]^2 \tag{4.46}$$

En appliquant la démarche de la section 4.3, le prédicteur à i-pas de la sortie $\widehat{y}_s(k+i/k,\sigma^s)$ se décompose alors en

$$\widehat{y}_s(k+i/k,\sigma^s) = \widehat{y}_{s,\ell}(k+i/k,\sigma^s) + \widehat{y}_{s,f}(k+i/k,\sigma^s) \tag{4.47}$$

En utilisant les relations (4.27) et (4.28), on en déduit

$$\widehat{y}_{s,\ell}(k+i/k,\sigma^s) = \widehat{y}_s(k) + C_s(\sigma^s)[K_i^s - I_p]\delta X_s(k) \tag{4.48}$$

$$\widehat{y}_{s,f}(k+i/k,\sigma^s) = C_s(\sigma^s) \sum_{j=1}^{min(i,N_u)} K_{i-j}^s B^s \delta \underline{u}(k+j-1) \tag{4.49}$$

avec $p = \sum_{j=1}^{r}(N_{sj}+1)$ et

$$K_i^s = \sum_{j=0}^{min(i,N_u)} (A_s)^j \quad pour \ i \geq 0 \quad et \quad K_i^s = 0 \quad pour \ i < 0 \tag{4.50}$$

Les matrices A_s, B_s sont définies par (4.4), les vecteurs C_s et X_s sont définis respectivement par les relations (4.5) et (4.7).

En considérant le vecteur des prédictions sur l'horizon $[k + 1, \, k + N_p]$ défini par :

$$\widehat{\underline{y}}_s(k,\sigma^s) = \left[\; \widehat{y}_s(k + 1,\sigma^s) \quad \cdots \quad \widehat{y}_s(k + N_p,\sigma^s) \; \right] \tag{4.51}$$

on obtient

$$\widehat{\underline{y}}_s(k,\sigma^s) = \widehat{\underline{y}}_{s,f}(k,\,\sigma^s) + \widehat{\underline{y}}_{s,\ell}(k,\,\sigma^s) = G^s(\sigma^s)\,\Delta U(k) + \widehat{\underline{y}}_{s,\ell}(k,\,\sigma^s) \tag{4.52}$$

où le vecteur $\widehat{\underline{y}}_{s,\ell}(k,\,\sigma^s)$ est calculé en utilisant l'expression (4.48) pour $i = 1, \, \ldots, \, N_p$, et la matrice $G^s(\sigma^s)$ de dimension $(N_p \, , \, rN_u)$ est donnée par :

$$G^s(\sigma^s) = \begin{pmatrix} G_1^s(\sigma^s) & 0 & \cdots & & 0 \\ G_2^s(\sigma^s) & G_1^s(\sigma^s) & \cdots & & \vdots \\ \vdots & \vdots & \ddots & & 0 \\ G_{N_u}^s(\sigma^s) & \cdots & & & G_1^s(\sigma^s) \\ \vdots & \cdots & \cdots & & \vdots \\ G_{N_p}^s(\sigma^s) & \cdots & & \cdots & G_{N_p-N_u-1}^s(\sigma^s) \end{pmatrix} \tag{4.53}$$

où

$$G_i^s(\sigma^s) = C_s(\sigma^s)K_{i-1}^s B_s \tag{4.54}$$

A partir des relations (4.48) et (4.49), nous pouvons conclure que les composantes $\widehat{y}_{s,f}(k + i/k, \, \sigma^s)$ et $\widehat{y}_{s,\ell}(k + i/k, \, \sigma^s)$ sont des fonctions affines du vecteur σ^s des incertitudes paramétriques. Par suite, le prédicteur à i pas est lui-même une fonction affine de σ^s, propriété qui sera exploitée dans le paragraphe suivant.

4.5 Résolution des algorithmes CPR par LMI

Dans cette section, on présentera les algorithmes de commande prédictive robuste (CPR) basés sur la stratégie du pire cas ([Favier et Oliveira, 2002]) qui consiste à résoudre le problème d'optimisation **min-max** suivant :

$$\min_{\Delta U \in \, \delta\Psi} \; \max_{\sigma \in \, \Omega} J(\Delta U,\sigma) \tag{4.55}$$

$$\Gamma\Delta U \leq V \tag{4.56}$$

avec $\Omega = \bigcup\limits_{s=1}^{m} \Omega_s$ et Ω_s le domaine d'appartenance paramétrique du sous-système MISO s.

Afin de résoudre ce problème, on ramène le critère (4.55) sous les contraintes additionnelles à un problème d'optimisation convexe sous contraintes LMIs, Linear matrix inequalities.

4.5.1   Optimisation convexe sous contraintes LMI

Le problème d'optimisation min-max consiste à minimiser par rapport à ΔU le maximum du critère de performance $J(\Delta U,\sigma)$ vis-à-vis des paramètres du modèle. Ces paramètres appartiennent à des formes géométriques, ce qui a pour effet de rendre complexe l'optimisation min-max. Afin de simplifier le problème d'optimisation, il suffit d'assurer la convexité du critère $J(\Delta U,\sigma)$ vis-à-vis des paramètres incertains du modèle issu de la BOG. Il est à signaler que la convexité du critère $J(\Delta U,\sigma)$ vis-à-vis des paramètres incertains de Laguerre a été vérifiée par [Favier et Oliveira, 2002] dans le cas des systèmes monovariables; il est nécessaire pour notre cas de rappeler certaines propriétés sur la convexité afin de simplifier notre problème d'optimisation.

4.5.1.1   Rappels sur la convexité

On rappelle ici une définition sur la convexité d'une fonction à plusieurs contraintes convexes, ainsi que quelques propriétés.

1. **Définition :**

   Un problème d'optimisation de type :

   $$\min_{\{x \in \ C_i\}_{i=1,2\dots\ m}} f(x) \tag{4.57}$$

   est dit convexe si et seulement si les ensembles $\{C_i\}_{i=1,2\dots\ m}$ et la fonction f : $\mathbb{C} \to \mathbb{R}$ sont tous convexes. f et $\{C_i\}_{i=1,2\dots\ m}$ sont appelés respectivement critère et contraintes du problème.

2. **Propriétés :**

   (a) **Propriété 1**

   Toute fonction affine est convexe.

   (b) **Propriété 2**

   Le produit d'une fonction convexe par un réel positif est convexe.

(c) **Propriété 3**

Toute norme est une fonction convexe de son argument.

(d) **Propriété 4**

La somme pondérée à coefficients positifs de plusieurs fonctions convexes est convexe :

Si $\phi_1, \ldots, \phi_n$ sont des fonctions convexes et $\alpha_1, \ldots, \alpha_n$ sont n réels positifs donnés, alors $(\alpha_1 \phi_1 + \ldots + \alpha_n \phi_n)$ est convexe.

4.5.1.2   Formalisme LMI

Une inégalité matricielle linéaire (LMI) peut se formaliser par la relation suivante :

$$F(x) = F_0 + \sum_{i=1}^{m} x_i F_i \geq 0 \qquad (4.58)$$

où x_1, x_2, $\ldots$, x_m représentent les coordonnées de l'optimum x recherché, $F_i = F_i^T \in \mathbb{R}^{n \times n}$, $i = 1, \ldots, m$ sont des matrices symétriques données et $F(x) < 0$ signifie que $F(x)$ est définie négative.

Un ensemble d'inégalités matricielles linéaires :

$$F^{(1)}(x) \geq 0, \; F^{(2)}(x) \geq 0, \ldots, F^{(p)}(x) \geq 0 \qquad (4.59)$$

peut se traduire par une seule inégalité matricielle linéaire :

$$diag\{F^{(1)}(x), \ldots, F^{(p)}(x)\} \geq 0 \qquad (4.60)$$

A partir de ce formalisme, pour notre problème d'optimisation, des inégalités quadratiques convexes peuvent se transformer en inégalités matricielles linéaires grâce au lemme de Schur :

Soient trois matrices $Q(x)$, $S(x)$, $R(x)$ affines par rapport à la variable x, les matrices $Q(x)$, $R(x)$ étant symétriques. L'inégalité LMI s'écrit :

$$\begin{bmatrix} Q(x) & S(x) \\ S^T(x) & R(x) \end{bmatrix} < 0 \qquad (4.61)$$

elle est équivalente aux inégalités suivantes :

$$\begin{cases} R(x) < 0 \\ \\ Q(x) - S(x)R^{-1}(x)S^T(x) < 0 \end{cases} \qquad (4.62)$$

Ce formalisme permet d'aborder la problématique de "faisabilité", à savoir trouver le domaine admissible satisfaisant les inégalités. Il permet aussi de traiter les problèmes d'optimisation linéaire, c'est à dire minimiser une fonction de coût linéaire sous contraintes LMI :

$$min \quad c^T x \quad sous\ la\ contrainte \quad F(x) < 0 \qquad (4.63)$$

où $F(x)$ est une matrice symétrique dépendant de manière affine de la variable x et $c \in \mathbb{R}^m \backslash \{0\}$. La solution est alors donnée par la valeur de x incluse dans le domaine admissible et minimisant le terme linéaire $c^T x$. Des outils ont été développés pour permettre le résolution de ces types de problèmes. Ainsi, une valeur de x admissible est calculée de façon itérative avec un test d'arrêt dépendant de la précision recherchée pour cette valeur.

Le formalisme LMI est aujourd'hui un outil efficace pour la résolution de nombreux problèmes d'automatique, grâce aux avancées des algorithmes d'optimisation convexe. Une part importante des recherches actuelles s'attache à formuler les problèmes d'automatique sous forme LMI. L'utilisation de l'optimisation convexe sous contraintes LMI nécessite une démarche systématique en 5 étapes qui utilisent les manipulations matricielles [Clement et Duc, 1999] :

1. Formulation du problème en terme d'optimisation

2. Mise sous forme d'inégalités matricielles des contraintes d'optimisation

3. Linéarisation de ces inégalités en fonction des paramètres (changement de variable, lemme de Schur, lemme d'élimination ...)

4. Résolution numérique du problème d'optimisation avec contraintes LMI avec par exemple une méthode de point intérieur ou la méthode des plans sécants

5. Détermination du correcteur

Les étapes critiques de cette démarche sont (3) et (5). En effet, la linéarisation des inégalités matricielles procède par conditions suffisantes et peut empêcher la détermination du correcteur.

4.5.2   Critère quadratique

4.5.2.1   Algorithme 4.1

Ce critère est donné par la relation (4.46). En omettant l'indice temporel, le critère $J_2\left(\Delta U, \sigma\right)$ s'écrit

$$J_2\left(\Delta U, \sigma\right) = \sum_{s=1}^{m} \left[\left(\widehat{\underline{y}}_s - \underline{w}_s\right)^T \left(\widehat{\underline{y}}_s - \underline{w}_s\right) \right] + (\Delta U)^T R_0 (\Delta U) \tag{4.64}$$

avec $\widehat{\underline{y}}_s$ est un vecteur de dimension N_p défini par la relation (4.51) $\forall\ s = 1, \ldots, m$ et $\underline{w}_s$ est donné par :

$$\underline{w}_s = \left[\ w_s(k+1)\ \ \cdots\ \ w_s(k+N_p)\ \right]^T \quad \forall\ s = 1, \ldots, m \tag{4.65}$$

$w_s(k+j)$ représente la référence associée à la sortie s à l'instant $k+j$, $j = 1, \ldots, N_p$ et R_0 est une matrice de pondération diagonale, définie positive, dont les éléments diagonaux sont les coefficients $\lambda_\ell > 0$ définie comme suit :

$$R_0 = \begin{pmatrix} \lambda_1 & \cdots & 0 \\ \vdots & \ddots & \vdots \\ 0 & \cdots & \lambda_r \end{pmatrix} \otimes I_{N_u} \tag{4.66}$$

avec I_{N_u} est une matrice identité de dimension N_u.

Ceci revient à minimiser par rapport au vecteur ΔU appartenant à l'ensemble admissible $\delta\Psi$, le maximum du critère $J_2(\Delta U, \sigma)$ vis-à-vis des coefficients du modèle issu de la BOG $\sigma \in \Omega$ où Ω est le domaine d'appartenance de type polytope ou orthotope.

En utilisant la décomposition (4.52) du vecteur de prédiction, le critère de performance $J_2(\Delta U, \sigma)$ peut s'écrire ainsi :

$$J_2\left(\Delta U, \sigma\right) = \sum_{s=1}^{m} J_2^s(\Delta U, \sigma^s) + (\Delta U)^T R_0 (\Delta U) \tag{4.67}$$

avec

$$J_2^s(\Delta U, \sigma^s) = \left[G^s(\sigma^s)\Delta U + \widehat{\underline{y}}_{s,\ell}(\sigma^s) - \underline{w}_s \right]^T \left[G^s(\sigma^s)\Delta U + \widehat{\underline{y}}_{s,\ell}(\sigma^s) - \underline{w}_s \right] \tag{4.68}$$

Après développement, $J_2\left(\Delta U, \sigma\right)$ s'écrit :

$$J_2\left(\Delta U, \sigma\right) = \Delta U^T \left[\sum_{s=1}^{m} \Lambda_s(\sigma^s) + R_0 \right] \Delta U + 2 \left[\sum_{s=1}^{m} \beta_s^T(\sigma^s) \right] \Delta U + \sum_{s=1}^{m} \eta_s(\sigma^s) \tag{4.69}$$

où $\Lambda_s(\sigma^s)$, $\beta_s(\sigma^s)$ et $\eta_s(\sigma^s)$, sont définis, $\forall \ \sigma^s \in \Omega_s$ et $\forall \ s = 1, \ldots, m$, comme suit :

– $\Lambda_s(\sigma^s)$ une matrice définie positive de dimension (rN_u, rN_u),

$$\Lambda_s(\sigma^s) = [G^s(\sigma^s)]^T G^s(\sigma^s) \tag{4.70}$$

– $\beta_s(\sigma^s)$ un vecteur de dimension rN_u

$$\beta_s(\sigma^s) = [G^s(\sigma^s)]^T \left[\widehat{\underline{y}}_{s,\ell}(\sigma^s) - \underline{w}_s \right] \tag{4.71}$$

– $\eta_s(\sigma^s)$ un scalaire

$$\eta_s(\sigma^s) = \left[\widehat{\underline{y}}_{s,\ell}(\sigma^s) - \underline{w}_s \right]^T \left[\widehat{\underline{y}}_{s,\ell}(\sigma^s) - \underline{w}_s \right] \tag{4.72}$$

La matrice $G^s(\sigma^s)$ et le vecteur $\widehat{\underline{y}}_{s,\ell}(\sigma^s)$ sont des fonctions affines du vecteur d'incertitude σ^s. Par conséquent, le critère $J_2(\Delta U, \sigma)$ qui est quadratique vis-à-vis du vecteur ΔU l'est aussi vis-à-vis du vecteur σ^s.

Soit la quantité scalaire $\mu^\star(\Delta U)$ solution du problème :

$$\mu^\star(\Delta U) = \max_{\sigma \in \Omega} J_2(\Delta U, \sigma) \tag{4.73}$$

tout scalaire $\mu > 0$ qui satisfait la contrainte

$$\mu \geq J_2(\Delta U, \sigma) \quad , \quad \forall \ \sigma \in \Omega \ (\forall \ \sigma^s \in \Omega_s \quad pour\ tout \ s = 1, \ldots, m) \tag{4.74}$$

est une borne supérieure de $\mu^\star(\Delta U)$. Par suite, le problème d'optimisation min-max peut être reformulé de façon à chercher un vecteur ΔU et la plus petite borne supérieure μ satisfaisant les contraintes (4.16) et (4.74) respectivement. Ceci revient à résoudre le problème d'optimisation suivant

$$\min_{\mu, \ \Delta U} \mu \tag{4.75}$$

avec

$$\mu \geq J_2(\Delta U, \sigma) \quad , \quad \forall \ \sigma \in \Omega \tag{4.76}$$

$$\Gamma \Delta U \leq V \tag{4.77}$$

Ce problème d'optimisation possède une infinité de contraintes linéaires en μ et quadratique en ΔU (4.76). Afin de ramener ces contraintes à un nombre fini, deux théorèmes seront utilisés :

Théorème 1[Favier et Oliveira, 2002]

Si la fonction scalaire $J_2^s(\widehat{\underline{y}}_s)$, à valeurs réelles est strictement convexe vis-à-vis de $\widehat{\underline{y}}_s \in \mathbb{R}^{N_p}$, et si la fonction $\widehat{\underline{y}}_s(\sigma^s)$ est affine vis-à-vis de $\sigma^s \in \mathbb{R}^{n_s}$, alors la fonction composée $J_2^s[\widehat{\underline{y}}_s(\sigma^s)]$ est strictement convexe vis-à-vis de σ^s.

Théorème 2[Favier et Oliveira, 2002]

Étant donnée une fonction convexe J_2^s définie sur un ensemble Ω_s convexe fermé, si J_2^s admet un maximum dans Ω_s, alors ce maximum est atteint en un point extrême de Ω_s.

Notons que chaque domaine d'incertitude paramétrique Ω_s, $s = 1, \ldots, m$ est convexe puisqu'il s'agit d'un domaine orthotopique ou polytopique et dont les points extrêmes sont ses sommets notés n_s. Par application de la propriété 4 de la section 4.5.1 à la page 129 et du théorème 1, le critère $J_2(\sigma)$ est une fonction strictement convexe de $\sigma = \bigcup\limits_{s=1}^{m} \sigma^s$.

En appliquant le théorème 2 et en respectant la relation (4.67), le maximum du critère J_2^s est atteint pour un point extrême de Ω_s. Désignons par $S(\Omega_s)$ l'ensemble des sommets de l'ensemble paramétrique Ω_s et n_s son nombre de sommet, le maximum du critère J_2 est atteint pour les maximum des $J_2^s, s = 1, \ldots, m$. Il est suffisant de considérer le sous ensemble fini de contraintes (4.74) associées aux différentes combinaisons possibles des sommets de chaque ensemble $\Omega_s, s = 1, \ldots, m$. Le problème d'optimisation se simplifie alors en [Favier et Oliveira, 2002]

$$\min_{\mu, \, \Delta U} \mu \tag{4.78}$$

avec

$$\mu \geq J_2(\Delta U, \sigma) \quad , \quad \forall \ \sigma \in S(\Omega) \tag{4.79}$$

$$\Gamma \Delta U \leq V \tag{4.80}$$

Les relations (4.78) et (4.79) peuvent s'écrire :

$$Minimiser \ \mu \ et \ trouver \ un \ \Delta U \ admissible \ satisfaisant \ J_2(\Delta U, \sigma) \leq \mu \tag{4.81}$$

Afin de minimiser la fonction quadratique convexe J_2, on transforme ce problème en un problème d'optimisation convexe sous contraintes LMIs (4.63) en utilisant le lemme de

Schur. Sachant que l'inégalité $-\left[\sum\limits_{s=1}^{m}\Lambda_s(\sigma^s) + R_0\right]^{-1} < 0$ est toujours vérifiée et que d'après (4.79), on a l'inégalité quadratique suivante :

$$\Delta U^T \left[\sum_{s=1}^{m}\Lambda_s(\sigma^s) + R_0\right]\Delta U + 2\left[\sum_{s=1}^{m}\beta_s^T(\sigma^s)\right]\Delta U + \sum_{s=1}^{m}\eta_s(\sigma^s) - \mu \leq 0$$

Le problème d'optimisation devient :

$$Minimiser \quad \mu$$

$$\left[\begin{array}{cc} \sum\limits_{s=1}^{m}\left[2\beta_s^T(\sigma_{j_s}^s)\Delta U + \eta_s(\sigma_{j_s}^s)\right] - \mu & \Delta U^T \\[4mm] \Delta U & -\left[\sum\limits_{s=1}^{m}\Lambda_s(\sigma_{j_s}^s) + R_0\right]^{-1} \end{array}\right] < 0 \quad \begin{array}{l} \forall~ j_s = 1,~\ldots,~n_s \\ où~~ s = 1,~\ldots,~m \end{array}$$

$$(4.82)$$

$$\Gamma\Delta U < V$$

qui correspond parfaitement au formalisme LMI.

Remarque 4.1 : une inégalité LMI, faisable, non stricte peut toujours se ramener à une inégalité stricte [Biannic, 1996].

Il ne reste qu'à introduire les contraintes dans le problème (4.82). Ce problème peut se formuler en un problème d'optimisation linéaire sous contraintes LMI de type (4.63) si l'on choisit le vecteur de décision suivant :

$$x = \left[\begin{array}{c} \Delta U \\ \mu \end{array}\right] \qquad (4.83)$$

On peut écrire la forme finale comme suit :

$$\min_{x} \ c^T x$$

selon

$$
\left[
\begin{array}{cc}
\displaystyle\sum_{s=1}^{m}\left[2\widetilde{\beta}_s^{T}(\sigma_{j_s}^{s})x + \eta_s(\sigma_{j_s}^{s})\right] - c^T x & (\chi\, x)^T \\[4mm]
\chi\, x & -\left[\displaystyle\sum_{s=1}^{m}\Lambda_s(\sigma_{j_s}^{s}) + R_0\right]^{-1}
\end{array}
\right] < 0,
\qquad
\begin{array}{l}
\forall\ j_s = 1,\,\ldots,\,n_s \\[2mm]
\text{où}\ \ s = 1,\,\ldots,\,m
\end{array}
$$

$$F_{\Delta U}\ x\ -\ g_{\Delta U} < 0$$

TAB. 4.1 – *algorithme 4.1 de résolution du critère quadratique par LMI*

avec

$$\widetilde{\beta}_s^{T}(\sigma_{j_s}^{s}) = \left[\ \beta_s^{T}(\sigma_{j_s}^{s})\quad 0\ \right]\ pour\ j_s = 1,\ldots,n_s \tag{4.84}$$

$$\chi = \left[\ I_{rN_u}\quad \underline{0}_{rN_u}\ \right]\quad,\quad c = \left[\ \underbrace{0\cdots 0}_{rN_u}1\ \right]^{T} \tag{4.85}$$

$$F_{\Delta U} = \begin{bmatrix} I_{rN_u} & \underline{0}_{rN_u} \\ -I_{rN_u} & \underline{0}_{rN_u} \\ D_1 & \underline{0}_{rN_u} \\ -D_1 & \underline{0}_{rN_u} \end{bmatrix}\quad,\quad g_{\Delta U} = \begin{bmatrix} \Delta U_M \\ -\Delta U_m \\ U_M - V_1 \\ -U_m + V_1 \end{bmatrix} \tag{4.86}$$

où $\sigma_{j_s}^{s}$ $(s = 1,\ldots, m$ et $j_s = 1,\ldots, n_s)$ représente l'incertitude associée au j_s-ème sommet de l'ensemble d'appartenance Ω_s, $\underline{0}_{rN_u}$ est un vecteur de dimension rN_u contenant des 0 et I_{rN_u} est la matrice identité de dimension rN_u. $\Lambda_s(\sigma_{j_s}^{s})$, $\beta_s^{T}(\sigma_{j_s}^{s})$, $\eta_s(\sigma_{j_s}^{s})$, R_0 peuvent être calculés respectivement par les expressions (4.70), (4.71), (4.72) et (4.66).

Le nombre de contraintes étant beaucoup plus élevé que le nombre de variables de décision. Cet algorithme ne peut pas être appliqué en temps réel, en effet le temps de calcul peut facilement dépasser les constantes de temps du système; ceci est du au grand nombre de contraintes qui vaut ($\prod_{s=1}^{m} n_s$) + 1. Par exemple dans le cas d'un système bivariable, si on admet un nombre de sommet égal à 32 pour le premier sous système et à 64 pour le second sous système, le nombre de contrainte sera $(32 \times 64 + 1)$. Pour contourner ce problème, on propose l'algorithme suivant.

4.5.2.2   Algorithme 4.2

Une autre solution moins coûteuse en temps de calcul consiste à réduire le nombre de contraintes données par l'algorithme 5.1. On garde inchangées les relations (4.64)-(4.73) et on définit le scalaire μ qui satisfait la contrainte suivante :

$$\mu \geq \sum_{s=1}^{m} J_2^s(\Delta U, \sigma^s) + (\Delta U)^T R_0 (\Delta U) \tag{4.87}$$

et compte tenu du système (4.75)-(4.77) et que le système MIMO est décomposable en m sous-systèmes MISO, l'algorithme peut être réécrit comme

$$\min_{\mu, \, \Delta U} \mu \tag{4.88}$$

avec

$$\begin{cases} \frac{\mu}{m} \geq J_2^1(\Delta U, \sigma) + (\Delta U)^T (\frac{1}{m} R_0)(\Delta U), \quad \forall \; \sigma^1 \in \; \Omega_1 \\[2ex] \frac{\mu}{m} \geq J_2^2(\Delta U, \sigma) + (\Delta U)^T (\frac{1}{m} R_0)(\Delta U) \quad \forall \; \sigma^2 \in \; \Omega_2 \\[2ex] \vdots \\[2ex] \frac{\mu}{m} \geq J_2^m(\Delta U, \sigma) + (\Delta U)^T (\frac{1}{m} R_0)(\Delta U) \quad \forall \; \sigma^m \in \; \Omega_m \end{cases} \tag{4.89}$$

$$\Gamma \Delta U \leq V \tag{4.90}$$

où m est le nombre de sorties.

En appliquant les théorèmes 1 et 2 définis dans la section précédente, le problème d'optimisation sera le suivant :

$$\min_{\mu, \, \Delta U} \mu \tag{4.91}$$

avec

$$
\begin{cases}
\frac{\mu}{m} \geq J_2^1(\Delta U, \sigma) + (\Delta U)^T (\frac{1}{m} R_0)(\Delta U), & \forall \ \sigma^1 \in S(\Omega_1) \\[3mm]
\frac{\mu}{m} \geq J_2^2(\Delta U, \sigma) + (\Delta U)^T (\frac{1}{m} R_0)(\Delta U) & \forall \ \sigma^2 \in S(\Omega_2) \\[3mm]
\vdots \\[3mm]
\frac{\mu}{m} \geq J_2^m(\Delta U, \sigma) + (\Delta U)^T (\frac{1}{m} R_0)(\Delta U) & \forall \ \sigma^m \in S(\Omega_m)
\end{cases}
\tag{4.92}
$$

$$
\Gamma \Delta U \leq V
\tag{4.93}
$$

La minimisation par rapport au vecteur ΔU est effectuée en résolvant un problème d'optimisation convexe sous contraintes LMIs. En utilisant le même raisonnement que celui de la section précédente, le problème d'optimisation (4.91)-(4.93) peut être réécrit dans la forme équivalente suivante :

$$
Minimiser \quad \mu
$$

$$
\begin{cases}
\begin{bmatrix} 2\beta_1^T(\sigma_j^1)\Delta U + \eta_1(\sigma_j^1) - \frac{\mu}{m} & \Delta U^T \\ \Delta U & -\left[\Lambda_1(\sigma_j^1) + \frac{1}{m} R_0\right]^{-1} \end{bmatrix} < 0 & \forall \ j = 1, \ldots, n_1 \\[5mm]
\begin{bmatrix} 2\beta_2^T(\sigma_j^2)\Delta U + \eta_2(\sigma_j^2) - \frac{\mu}{m} & \Delta U^T \\ \Delta U & -\left[\Lambda_2(\sigma_j^2) + \frac{1}{m} R_0\right]^{-1} \end{bmatrix} < 0 & \forall \ j = 1, \ldots, n_2 \\[5mm]
\vdots \\[5mm]
\begin{bmatrix} 2\beta_m^T(\sigma_j^m)\Delta U + \eta_m(\sigma_j^m) - \frac{\mu}{m} & \Delta U^T \\ \Delta U & -\left[\Lambda_m(\sigma_j^m) + \frac{1}{m} R_0\right]^{-1} \end{bmatrix} < 0 & \forall \ j = 1, \ldots, n_m \\[5mm]
\Gamma \Delta U \leq V
\end{cases}
\tag{4.94}
$$

En fixant $x = \begin{bmatrix} \Delta U \\ \mu \end{bmatrix}$, la forme finale du problème d'optimisation s'écrit :

$$\min_x \ c^T x$$

selon

$$
\begin{cases}
\begin{bmatrix} 2\widetilde{\beta}_1^T(\sigma_j^1)x + \eta_1(\sigma_j^1) - \frac{c^T x}{m} & (\chi\, x)^T \\ \chi\, x & -\left[\Lambda_1(\sigma_j^1) + \frac{1}{m}R_0\right]^{-1} \end{bmatrix} < 0 \quad \forall\, j = 1,\,\ldots,\, n_1 \\[4ex]
\begin{bmatrix} 2\widetilde{\beta}_2^T(\sigma_j^2)x + \eta_2(\sigma_j^2) - \frac{c^T x}{m} & (\chi\, x)^T \\ \chi\, x & -\left[\Lambda_2(\sigma_j^2) + \frac{1}{m}R_0\right]^{-1} \end{bmatrix} < 0 \quad \forall\, j = 1,\,\ldots,\, n_2 \\[4ex]
\vdots \\[2ex]
\begin{bmatrix} 2\widetilde{\beta}_m^T(\sigma_j^m)x + \eta_m(\sigma_j^m) - \frac{c^T x}{m} & (\chi\, x)^T \\ \chi\, x & -\left[\Lambda_m(\sigma_j^m) + \frac{1}{m}R_0\right]^{-1} \end{bmatrix} < 0 \quad \forall\, j = 1,\,\ldots,\, n_m \\[4ex]
F_{\Delta U}\ x - g_{\Delta U} < 0
\end{cases}
$$

Tab. 4.2 – *algorithme 4.2 de résolution du critère quadratique par LMI*

avec $\widetilde{\beta}_s(\sigma_j^s)$, χ, c, $F_{\Delta U}$ et $g_{\Delta U}$ sont donnés par les relations (4.84) - (4.86).

Cet algorithme conduit à une réduction très importante des contraintes par rapport à celui présenté par l'algorithme 4.1 donné par la tableau (4.1). En effet le nombre total des contraintes dans ce cas vaut $(\sum_{s=1}^{m} n_s) + 1$ qui est très inférieur à celui donné par l'algorithme 4.1. Par exemple pour un système bivariable composé de deux sous systèmes MISO dont le premier possède 32 sommets et le second ayant 64 sommets, on aura un nombre total de contraintes de $(32 + 64 + 1)$ qui est très faible comparé à celui obtenu avec l'algorithme 4.1 ($32 \times 64 + 1$). Ainsi le volume de calcul alloué pour la résolution de ce système est plus réduit ce qui lui donne plus de chance d'être applicable en temps réel.

4.5.3   Critère basé sur la norme infinie

Le critère étant le suivant :

$$J_\infty(\sigma) = \sum_{s=1}^{m} \max_{i=1,\ldots,\, N_p} |\, \widehat{y}_s(k+i/k, \sigma^s) - w_s(k+i)| \tag{4.95}$$

En utilisant le même raisonnement que précédemment, on peut écrire :

$$\begin{cases} -\dfrac{\mu}{m} \le \max_{i=1,\dots,\,N_p} [\widehat{y}_1(k+i/k,\sigma^1) - w_1(k+i)] \le \dfrac{\mu}{m} \\ \vdots \\ -\dfrac{\mu}{m} \le \max_{i=1,\dots,\,N_p} [\widehat{y}_m(k+i/k,\sigma^m) - w_m(k+i)] \le \dfrac{\mu}{m} \end{cases} \qquad (4.96)$$

Le problème d'optimisation min-max peut être réécrit comme

$$\min_{\mu,\,\Delta U} \mu \qquad (4.97)$$

avec

$$\begin{cases} -\mathbf{1}\dfrac{\mu}{m} \le \underline{\widehat{y}}_1(k,\sigma^1) - \underline{w}_1 \le \mathbf{1}\dfrac{\mu}{m} \qquad \forall \ \sigma^1 \ \in S(\Omega_1) \\ \vdots \\ -\mathbf{1}\dfrac{\mu}{m} \le \underline{\widehat{y}}_m(k,\sigma^m) - \underline{w}_m \le \mathbf{1}\dfrac{\mu}{m} \qquad \forall \ \sigma^m \ \in S(\Omega_m) \end{cases} \qquad (4.98)$$

$$\Gamma \Delta U \le V \qquad (4.99)$$

où $\mathbf{1}$ est un vecteur de dimension N_p, contenant des 1. En remplaçant $\underline{\widehat{y}}_s(k,\sigma^s)$ pour $s = 1,\dots,m$ par son expression donné par (4.52) on aura :

$$\min_{\mu,\,\Delta U} \mu \qquad (4.100)$$

avec

$$\begin{cases} -\mathbf{1}\dfrac{\mu}{m} \le G^1(\sigma^1)\Delta U + \underline{\widehat{y}}_{1,\ell}(\sigma) - W_1 \le \mathbf{1}\dfrac{\mu}{m} \qquad \forall \ \sigma^1 \ \in S(\Omega_1) \\ \vdots \\ -\mathbf{1}\dfrac{\mu}{m} \le G^m(\sigma^m)\Delta U + \underline{\widehat{y}}_{m,\ell}(\sigma) - W_m \le \mathbf{1}\dfrac{\mu}{m} \qquad \forall \ \sigma^m \ \in S(\Omega_m) \end{cases} \qquad (4.101)$$

$$\Gamma \Delta U \le V \qquad (4.102)$$

On se propose de mettre le problème sous la forme linéaire standard

$$\min_{x} \ c^T x \qquad \text{sous la contrainte} \ \ F(x) < 0 \qquad (4.103)$$

Définissons le vecteur x, de dimension $(rN_u + 1)$, comme

$$x = \begin{bmatrix} \Delta U - \Delta U_m \\ \mu \end{bmatrix} \qquad (4.104)$$

et

$$c^T = \left[\underbrace{0 \cdots 0}_{rN_u} 1 \right]$$ (4.105)

Le système (4.100)-(4.102) devient :

$$\min_x \ c^T x$$

selon

$$\left\{ \begin{array}{l} \left[\begin{array}{c} -W_1 + \widehat{\underline{y}}_{1,\ell}(\sigma_j^1) + G^1(\sigma_j^1)\Delta U_m \\ W_1 - \widehat{\underline{y}}_{1,\ell}(\sigma_j^1) - G^1(\sigma_j^1)\Delta U_m \end{array} \right] - \left[\begin{array}{cc} -G^1(\sigma_j^1) & \frac{1}{m}\mathbf{1} \\ G^1(\sigma_j^1) & \frac{1}{m}\mathbf{1} \end{array} \right] x < 0 \qquad \forall \, j = 1, \, \ldots, n_1 \\[2mm] \vdots \\[2mm] \left[\begin{array}{c} -W_m + \widehat{\underline{y}}_{m,\ell}(\sigma_j^m) + G^m(\sigma_j^m)\Delta U_m \\ W_m - \widehat{\underline{y}}_{m,\ell}(\sigma_j^m) - G^m(\sigma_j^m)\Delta U_m \end{array} \right] - \left[\begin{array}{cc} -G(\sigma_j^m) & \frac{1}{m}\mathbf{1} \\ G(\sigma_j^m) & \frac{1}{m}\mathbf{1} \end{array} \right] x < 0 \qquad \forall \, j = 1, \, \ldots, n_m \\[2mm] \qquad\qquad\qquad F'_{\Delta U} \ x \ - g'_{\Delta U} < 0 \end{array} \right.$$

TAB. 4.3 – *algorithme 4.3 de résolution du critère basé sur la norme infinie par LMI*

Avec $F'_{\Delta U}$ et $g'_{\Delta U}$ peuvent être déduites à partir de (4.16) et(4.17)

$$F'_{\Delta U} = \left[\begin{array}{cc} -I_{rN_u} & \underline{0}_{rN_u} \\ -D_1 & \underline{0}_{rN_u} \\ D_1 & \underline{0}_{rN_u} \end{array} \right] \quad , \quad g'_{\Delta U} = \left[\begin{array}{c} \Delta U_m - \Delta U_M \\ -U_M + V_1 + D_1\Delta U_m \\ U_m - V_1 - D_1\Delta U_m \end{array} \right]$$ (4.106)

σ_j $(j = 1, \ldots, n_s)$ représente le vecteur des incertitudes associé au j-ème sommet de l'orthotope Ω_s, $\underline{0}_{rN_u}$ est un vecteur de dimension rNu contenant des 0 et $\mathbf{1}$ un vecteur de dimension rN_u contenant des 1. Le nombre de contraintes étant beaucoup plus élevé que le nombre de variables de décision.

4.5.4 Critère basé sur la norme l_1

Comme on vient de le voir, dans le paragraphe précédent, un critère basé sur la norme infinie ne prend explicitement en compte qu'un point de l'horizon de prédiction, à savoir celui qui correspond à l'écart maximum entre les sorties prédites et les sorties désirées. Dans certaines situations, il est souhaitable que le critère de performance prenne en considération tous les points de l'horizon de prédiction, comme c'est le cas avec le critère quadratique. Une autre possibilité consiste à utiliser le critère basé sur la norme l_1

$$J_1(\Delta U, \sigma) = \sum_{s=1}^{m} \sum_{i=1}^{N_p} |\, \widehat{y}_s(k+i/k, \sigma^s) - w_s(k+i)| + \sum_{\ell=1}^{r} \lambda_\ell \sum_{j=1}^{N_u} |\, \delta u_\ell(k+j-1)| \quad (4.107)$$

Soit le scalaire μ qui satisfait la contrainte :

$$\mu \geq J_1(\Delta U, \sigma) \quad , \quad \forall \; \sigma \in S(\Omega) \tag{4.108}$$

Le problème d'optimisation min-max (4.55) se ramène alors au problème suivant :

$$\min_{\mu, \, \underline{\alpha}, \, \underline{\gamma}, \, \Delta U} \mu \tag{4.109}$$

avec

$$\begin{cases} -\underline{\alpha} \leq \left[G^1(\sigma^1) \Delta U + \underline{\widehat{y}}_{1,\ell}(\sigma^1) - W_1 \right] \leq \underline{\alpha} \quad \forall \; \sigma^1 \in S(\Omega_1) \\ \vdots \\ -\underline{\alpha} \leq \left[G^m(\sigma^m) \Delta U + \underline{\widehat{y}}_{m,\ell}(\sigma^m) - W_m \right] \leq \underline{\alpha} \quad \forall \; \sigma^m \in S(\Omega_m) \end{cases} \tag{4.110}$$

$$-\underline{\gamma} \leq \Delta U \leq \underline{\gamma} \tag{4.111}$$

$$J_1(\Delta U, \sigma) = m \, \mathbf{1}_{N_p}^T \, \underline{\alpha} + \underline{R}_0^T \, \underline{\gamma} \leq \mu \tag{4.112}$$

$$\Gamma \Delta U \leq V \tag{4.113}$$

où $\mathbf{1}_{N_p}$ est un vecteur contenant des 1 de dimension N_p , $\underline{R}_0$ un vecteur de dimension rN_u formé par les éléments diagonaux de la matrice carré R_0 de la relation (4.66) qui contient les pondérations sur les incréments de commandes, $\underline{\alpha}$ est un vecteur de dimension N_p et $\underline{\gamma}$ est un vecteur de dimension rN_u.

Notre but est de mettre le problème sous sa forme standard donnée par (4.103). Définissons le vecteur x, de dimension $(N_p + 2rN_u + 1)$, comme

$$x = \begin{bmatrix} \Delta U - \Delta U_m \\ \underline{\alpha} \\ \underline{\gamma} \\ \mu \end{bmatrix} \tag{4.114}$$

et

$$c^T = \begin{bmatrix} \underbrace{0 \cdots 0}_{rN_u} \underbrace{0 \cdots 0}_{N_p} \underbrace{0 \cdots 0}_{rN_u} 1 \end{bmatrix} \tag{4.115}$$

Le problème $(4.109) - (4.113)$ peut être réécrit dans la forme suivante :

$$\min_x \ c^T x$$

selon

$$\begin{cases} \text{pour } j = 1, \ldots, n_1 \\[2mm] \begin{bmatrix} -W_1 + \widehat{\underline{y}}_{1,\ell}(\sigma_j^1) + G^1(\sigma_j^1)\Delta U_m \\[3mm] W_1 - \widehat{\underline{y}}_{1,\ell}(\sigma_j^1) - G^1(\sigma_j^1)\Delta U_m \end{bmatrix} - \begin{bmatrix} -G^1(\sigma_j^1) & I_{N_p} & \mathbf{0}_{N_p,rN_u} & \underline{0}_{N_p} \\[3mm] G^1(\sigma_j^1) & I_{N_p} & \mathbf{0}_{N_p,rN_u} & \underline{0}_{N_p} \end{bmatrix} x < 0 \\[4mm] \vdots \\[2mm] \text{pour } j = 1, \ldots, n_m \\[2mm] \begin{bmatrix} -W_m + \widehat{\underline{y}}_{m,\ell}(\sigma_j^m) + G^m(\sigma_j^m)\Delta U_m \\[3mm] W_m - \widehat{\underline{y}}_{m,\ell}(\sigma_j^m) - G^m(\sigma_j^m)\Delta U_m \end{bmatrix} - \begin{bmatrix} -G^m(\sigma_j^m) & I_{N_p} & \mathbf{0}_{N_p,rN_u} & \underline{0}_{N_p} \\[3mm] G^m(\sigma_j^m) & I_{N_p} & \mathbf{0}_{N_p,rN_u} & \underline{0}_{N_p} \end{bmatrix} x < 0 \\[4mm] F''_{\Delta U} \ x \ - g''_{\Delta U} < 0 \end{cases}$$

Tab. 4.4 – *algorithme 4.4 de résolution du critère basé sur la norme l_1 par LMI*

avec à partir de (4.111), (4.112), (4.113) et (4.17) on a

$$
F''_{\Delta U} = \begin{bmatrix}
I_{rN_u} & \mathbf{0}_{rN_u,N_p} & I_{rN_u} & \underline{0}_{rN_u} \\
-I_{rN_u} & \mathbf{0}_{rN_u,N_p} & I_{rN_u} & \underline{0}_{rN_u} \\
\underline{0}^T_{rN_u} & -m\,\mathbf{1}^T_{N_p} & -\underline{R}^T_0 & 1 \\
-I_{rN_u} & \mathbf{0}_{rN_u,N_p} & \mathbf{0}_{rN_u} & \underline{0}_{rN_u} \\
-D_1 & \mathbf{0}_{rN_u,N_p} & \mathbf{0}_{rN_u} & \underline{0}_{rN_u} \\
D_1 & \mathbf{0}_{rN_u,N_p} & \mathbf{0}_{rN_u} & \underline{0}_{rN_u}
\end{bmatrix}, \; g''_{\Delta U} = \begin{bmatrix}
-\Delta U_m \\
\Delta U_m \\
0 \\
\Delta U_m - \Delta U_M \\
-U_M + V_1 + D_1 \Delta U_m \\
U_m - V_1 - D_1 \Delta U_m
\end{bmatrix} \tag{4.116}
$$

où $\mathbf{0}_{rN_u,N_p}$ est une matrice de dimension (rN_u, N_p) contenant des 0.

On arrive à formuler le problème d'optimisation min-max à un problème d'optimisation convexe sous contraintes LMI et ce pour les cas du critère quadratique, du critère basé sur la norme infinie et du critère basé sur la norme $\mathbf{l}_1$.

4.6 Réglage des paramètres de la fonction objectif

La synthèse d'une commande prédictive dépend de 4 paramètres de réglage :

- l'horizon d'initialisation : N_1 (dans notre cas, il est fixé à 1 puisque le retard est mal connu).
- l'horizon de prédiction : N_p
- l'horizon de commande : N_u
- les pondérations de la commande : λ_ℓ

L'influence de ces paramètres sont mis en évidence dans le cas des systèmes SISO.

Influence de N_1 : la modification de l'horizon d'initialisation permet d'ajuster la fenêtre d'optimisation à une zone précise de la réponse. On peut ainsi choisir de ne pas faire intervenir les premiers échantillons dans l'optimisation lorsque, par exemple, le système contient plusieurs retards purs. En pratique, on prendra généralement $N_1 = d + 1$ (d est un entier qui correspond à la plus grande puissance en z apparaissant dans la matrice intéracteur du système). Si le retard d est inconnu ou variable, N_1 est choisi égal à 1.

Influence de N_u : on choisit en général un horizon N_u relativement réduit. Ce choix est entièrement justifié si le signal de référence ne varie pas. Dans ce cas, seules les perturbations, qui par nature sont aléatoires, sont susceptibles de modifier la sortie du système. Il n'est donc pas nécessaire de calculer un nombre important de commandes futures, étant donné que seule la première est effectivement appliquée au système et qu'aucune prédiction ne peut être faite sur les perturbations. Par contre, si le signal de référence n'est pas constant, le fait de ne faire intervenir dans l'optimisation qu'un nombre limité de commandes par rapport à l'horizon de prédiction N_p a des effets indésirables sur la réponse. Ainsi l'échelon commence à entrer dans la zone supérieure de la fenêtre d'optimisation (c'est-à-dire que l'instant d'occurrence de la prédiction de l'échelon est $(k + N_p)T$), si $N_u \ll N_p$, il est impossible d'atteindre la référence à l'instant $(k + N_p)T$ en seulement N_u variations de la consigne puisque $\delta u(k + j) = 0$ si $j \geq N_u$. L'erreur quadratique $\sum_{j=N_1}^{N_p} [y_s(k + j) - w_s(k + j)]^2$ sera donc d'autant plus grande que l'instant prévu de l'échantillon est éloigné de l'instant $(k + N_u)T$ de la dernière variation de la commande. La minimisation de l'erreur conduit à générer des commandes qui sont certes optimales au sens du critère J, mais qui sont éloignées de la réponse désirée. On doit donc conserver un horizon de commande N_u en rapport avec l'horizon de prédiction N_p. Il est à signaler que pour le rejet de perturbation, l'augmentation de l'horizon de prédiction par rapport à l'horizon de commande n'a pas d'influence.

Influence de N_p : on choisit en général N_p tel que N_pT soit de l'ordre de grandeur de la constante de temps dominante du système en boucle fermée. Ainsi, la fenêtre d'optimisation contient toute la réponse du système. En effet la constante de temps dominante correspondant à la plus grande implique le temps le plus important, ce qui permet de balayer le regime transitoire et par suite de suivre la dynamique du système.

Influence de λ_ℓ : de tous les paramètres de réglage de la fonction objectif, λ_ℓ est celui dont l'influence est la plus évidente. En effet, il permet de pondérer l'influence de l'énergie de commande dans le critère à optimiser.

Remarque 4.2 : l'influence des trois principaux paramètres de réglage N_u, N_p et λ_ℓ est présentée dans le cas de la synthèse d'une commande prédictive sans contraintes. La prise en compte des incertitudes paramétriques et des contraintes sur les signaux entrées/sorties rend le choix optimal de ces paramètres plus délicate. Pour aboutir à un meilleur choix des paramètres de synthèse d'une commande prédictive robuste, on doit élaborer plusieurs études expérimentales avec différentes valeurs possibles des paramètres de réglage en vue de maintenir un bon niveau de performances.

4.7   Résultats de simulation

Nous présentons ci-après quelques résultats de simulation obtenus en appliquant la méthode de commande prédictive robuste basée sur une modélisation issue de la base orthogonale généralisée et la minimisation d'un critère de performance. Le système à étudier admet deux entrées et deux sorties et est donné par la figure (4.3).

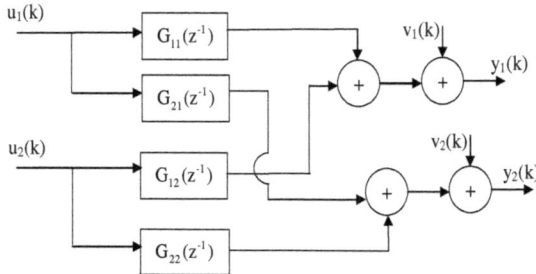

FIG. 4.3 – *schema bloc du système bivariable*

où les fonctions de transfert sont données par

$$G_{11}(z) = \frac{0.2z^{-1} + 0.13z^{-2}}{1 - 2.137z^{-1} + 1.429z^{-2} - 0.2863z^{-3}} \qquad (4.117)$$

$$G_{21}(z) = \frac{0.2z^{-1} - 0.02z^{-2}}{1 - z^{-1} + 0.16z^{-2}} \qquad (4.118)$$

$$G_{12}(z) = \frac{0.2z^{-1} - 0.2z^{-2}}{1 + 0.45z^{-1} - 0.09z^{-2}} \qquad (4.119)$$

$$G_{22}(z) = \frac{3.8 - 3.71z^{-1} + 0.3995z^{-2} - 0.2439z^{-3} + 0.254z^{-4}}{1 - 0.85z^{-1} - 0.555z^{-2} + 0.616z^{-3} - 0.0733z^{-4} - 0.0612z^{-5}} \qquad (4.120)$$

La phase de synthèse de la commande prédictive robuste est précédée par la phase d'identification comme le montre la figure (4.4), L'identification comporte l'optimisation des pôles de la BOG ainsi que l'identification robuste des coefficients de Fourier.

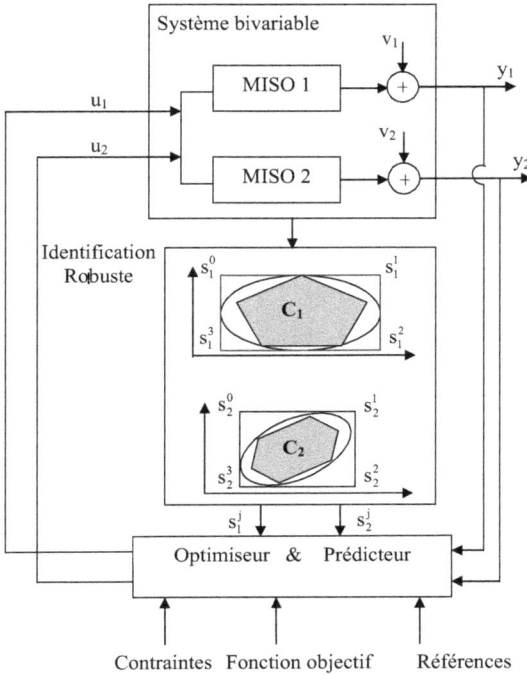

FIG. 4.4 – *principe de la commande prédictive robuste du système bivariable*

4.7.1 Identification structurelle et paramétrique

4.7.1.1 optimisation des pôles de la BOG

Afin de trouver les paramètres de la base orthogonale généralisée, on applique l'algorithme 3.1 d'optimisation des pôles sur les deux systèmes MISO. A l'aide de ces pôles, on construit les matrices intervenant dans le modèle d'état comme suit :

Sous système 1 :
Le vecteur de pôles obtenu est le suivant :

$$\underline{\xi}^1 = \left[\begin{array}{cc} \underline{\xi}^{11} & \underline{\xi}^{12} \end{array} \right] \text{ où } \underline{\xi}^{11} = \left[\begin{array}{ccc} 0.9488 & 0.8208 & 0.3670 \end{array} \right] \text{ et } \underline{\xi}^{12} = \left[\begin{array}{cc} -0.6000 & 0.1505 \end{array} \right]$$

Le modèle d'état est donné par :

$$\begin{cases} X_1(k) = A_1 X_1(k-1) + B_1 \underline{u}(k) \\ y_1(k) = C_1 X_1(k) + v_1(k) \end{cases} \tag{4.121}$$

avec A_1 et B_1 sont déduites des expressions (2.95) et (2.96) :

$$A_1 = \begin{bmatrix} 0.9488 & 0 & 0 & 0 & 0 \\ 0.1804 & 0.8208 & 0 & 0 & 0 \\ -0.2412 & 1.5648 & 0.3670 & 0 & 0 \\ 0 & 0 & 0 & -0.6000 & 0 \\ 0 & 0 & 0 & 0.7909 & 0.1505 \end{bmatrix}, \quad B_1 = \begin{bmatrix} 0.3159 & 0 \\ -0.5420 & 0 \\ 0.7244 & 0 \\ 0 & 0.8000 \\ 0 & 0.5932 \end{bmatrix}$$

et

$$\underline{u}(k) = \begin{bmatrix} u_1(k) & u_2(k) \end{bmatrix}^T \tag{4.122}$$

Sous système 2 :

En appliquant la même démarche que précédemment, on obtient le vecteur de pôles suivant :

$$\underline{\xi}^2 = \begin{bmatrix} \underline{\xi}^{21} & \underline{\xi}^{22} \end{bmatrix} \text{ où } \underline{\xi}^{21} = \begin{bmatrix} 0.8000 & 0.2000 \end{bmatrix} \text{ et } \underline{\xi}^{22} = \begin{bmatrix} -0.8492 & 0.4292 & 0.9094 \end{bmatrix}$$

Le modèle d'état est donné par :

$$\begin{cases} X_2(k) = A_2 X_2(k-1) + B_2 \underline{u}(k) \\ y_2(k) = C_2 X_2(k) + v_2(k) \end{cases} \tag{4.123}$$

avec A_2 et B_2 sont déduites des expressions (2.95) et (2.96) :

$$A_2 = \begin{bmatrix} 0.8000 & 0 & 0 & 0 & 0 \\ 0.5879 & 0.2000 & 0 & 0 & 0 \\ 0 & 0 & -0.8492 & 0 & 0 \\ 0 & 0 & 0.4770 & 0.4292 & 0 \\ 0 & 0 & -0.0943 & 0.2959 & 0.9094 \end{bmatrix}, \quad B_2 = \begin{bmatrix} 0.6000 & 0 \\ -0.7838 & 0 \\ 0 & 0.5281 \\ 0 & 0.7670 \\ 0 & -0.1516 \end{bmatrix}$$

4.7.1.2   Identification robuste des coefficients de Fourier

Il est intéressant de choisir l'approche UBBE qui permet de garantir un domaine d'appartenance paramétrique ayant un volume et un nombre de sommets adéquat pour la synthèse de la commande prédictive. L'orthotope circonscrit à l'ellipsoïde minimale (obtenue après K mise à jour du domaine d'appartenance paramétrique de type ellipsoïdale) a prouvé numériquement son efficacité lors de la synthèse de la commande.

Pour $K = 100$ données utilisées lors de la mise à jour de l'ellipsoïde et pour un niveau de bruit équivalent à RSB = 20, on obtient les résultats suivants :

Caractéristique	Sous système MISO 1
Volume final	0.2572
Intervalle d'incertitude	$\delta\underline{\theta}_1 = \begin{bmatrix} 0.9270 & 2.3351 & 1.0167 & 2.4727 & 2.1215 \end{bmatrix}$
Centre de la région	$\overline{C}_1 = \begin{bmatrix} 6.8868 & 4.2611 & 0.2232 & -0.2233 & 0.2715 \end{bmatrix}$

TAB. 4.5 – *Caractéristiques du domaine d'incertitude paramétrique de sous système 1*

Caractéristique	Sous système MISO 2
Volume final	0.0517
Intervalle d'incertitude	$\delta\underline{\theta}_2 = \begin{bmatrix} 1.3410 & 0.9225 & 0.8821 & 1.4659 & 1.2186 \end{bmatrix}$
Centre de la région	$\overline{C}_2 = \begin{bmatrix} 0.6538 & 0.0797 & 3.6348 & 2.2105 & 0.2270 \end{bmatrix}$

TAB. 4.6 – *Caractéristiques du domaine d'incertitude paramétrique de sous système 2*

Les paramètres du modèle sont à l'intérieur de l'ellipsoïde ainsi le régulateur utilisant ce domaine est de pire cas ce qui introduit la notion de robustesse.

4.7.2 Synthèse d'une commande prédictive robuste

Différents algorithmes de commande prédictive ont été proposés selon le critère de performance J choisi. La résolution de ces algorithmes est assurée par le formalisme LMI qui permet de prendre en compte les contraintes sur l'amplitude des signaux entrée/sortie. Dans notre cas, on s'intéresse seulement aux contraintes portant sur l'amplitude des signaux d'entrées et la variation des signaux de commandes afin de limiter le temps de calcul. En définissant :

$$\delta \underline{u}(k) = \begin{bmatrix} \delta u_1(k) & \delta u_2(k) \end{bmatrix}^T \quad et \quad \widehat{\underline{y}}(k) = \begin{bmatrix} \widehat{y}_1(k) & \widehat{y}_2(k) \end{bmatrix}^T \qquad (4.124)$$

Ces contraintes s'écrivent :

$$\begin{aligned} U_m &\leq \underline{U}(k) \leq U_M \\ \Delta U_m &\leq \Delta U(k) \leq \Delta U_M \end{aligned} \qquad (4.125)$$

où

$$\underline{U}(k) = \begin{bmatrix} \underline{u}^T(k) & \underline{u}^T(k+1) & \cdots & \underline{u}^T(k+N_u-1) \end{bmatrix}^T$$

$$\Delta U(k) = \begin{bmatrix} \delta \underline{u}^T(k) & \delta \underline{u}^T(k+1) & \cdots & \delta \underline{u}^T(k+N_u-1) \end{bmatrix}^T$$

avec les vecteurs suivants sont de dimensions $2N_u$

$$U_m = \begin{bmatrix} u_1^{min} & u_2^{min} & u_1^{min} & u_2^{min} & \cdots & u_1^{min} & u_2^{min} \end{bmatrix}^T \in \mathbb{R}^{2N_u}$$

$$\Delta U_m = \begin{bmatrix} \delta u_1^{min} & \delta u_2^{min} & \delta u_1^{min} & \delta u_2^{min} & \cdots & \delta u_1^{min} & \delta u_2^{min} \end{bmatrix}^T \in \mathbb{R}^{2N_u}$$

$$U_M = \begin{bmatrix} u_1^{max} & u_2^{max} & u_1^{max} & u_2^{max} & \cdots & u_1^{max} & u_2^{max} \end{bmatrix}^T \in \mathbb{R}^{2N_u}$$

$$\Delta U_M = \begin{bmatrix} \delta u_1^{max} & \delta u_2^{max} & \delta u_1^{max} & \delta u_2^{max} & \cdots & \delta u_1^{max} & \delta u_2^{max} \end{bmatrix}^T \in \mathbb{R}^{2N_u}$$

De plus :

$$\underline{u}(k+i) = \sum_{j=0}^{i} \delta \underline{u}(k+i-j) + \underline{u}(k-1) \qquad (4.126)$$

et

$$\underline{U} = D_1 \Delta \underline{u} + V_1 \qquad (4.127)$$

on aura

$$D_1 = \begin{pmatrix} 1 & 0 & 0 & 0 & \cdots & 0 & 0 \\ 0 & 1 & 0 & 0 & \cdots & 0 & 0 \\ 1 & 0 & 1 & 0 & \cdots & 0 & 0 \\ 0 & 1 & 0 & 1 & \cdots & 0 & 0 \\ \vdots & \vdots & \vdots & \vdots & \ddots & \vdots & \vdots \\ 1 & 0 & 1 & 0 & \cdots & 1 & 0 \\ 0 & 1 & 0 & 1 & \cdots & 0 & 1 \end{pmatrix} \quad et \quad V_1 = \begin{pmatrix} u_1(k-1) \\ u_2(k-1) \\ u_1(k-1) \\ u_2(k-1) \\ \vdots \\ u_1(k-1) \\ u_2(k-1) \end{pmatrix} \tag{4.128}$$

où D_1 est une matrice de dimension $(2N_u, 2N_u)$ et V_1 un vecteur de dimension $2N_u$. On obtient finalement :

$$\Gamma \Delta U \leq V \tag{4.129}$$

où

$$\Gamma = \begin{bmatrix} I_{2N_u} \\ -I_{2N_u} \\ D_1 \\ -D_1 \end{bmatrix} \tag{4.130}$$

L'inégalité (4.129) est prise en considération lors de la minimisation du critère de performance. Pour le cas du critère quadratique, on a :

$$J_2(\Delta U, \sigma) = \sum_{s=1}^{2} \sum_{\ell=1}^{N_p} [\widehat{y}_s(k+\ell, \sigma) - w_s(k+\ell)]^2 + \sum_{j=1}^{2} \lambda_j \sum_{\ell=1}^{N_u} [\delta u_\ell(k+\ell-1)]^2 \tag{4.131}$$

ou encore

$$J_2(\Delta U, \sigma) = \sum_{s=1}^{2} \left(\widehat{\underline{y}}_s - \underline{w}_s \right)^T \left(\widehat{\underline{y}}_s - \underline{w}_s \right) + (\Delta U)^T R_0 (\Delta U) \tag{4.132}$$

avec $\widehat{\underline{y}}_1$ et $\widehat{\underline{y}}_2$ sont deux vecteurs de dimension N_p chacun et qui sont donnés par :

$$\widehat{\underline{y}}_1 = \begin{bmatrix} \widehat{y}_1(k+1) & \cdots & \widehat{y}_1(k+N_p) \end{bmatrix}^T, \quad \widehat{\underline{y}}_2 = \begin{bmatrix} \widehat{y}_2(k+1) & \cdots & \widehat{y}_2(k+N_p) \end{bmatrix}^T$$

On aura par conséquent l'expression du critère de performance qui s'écrit selon la relation (4.69) et qui dépend des matrices $G^1(\sigma^1)$ et $G^2(\sigma^2)$ données par la relation (4.53).

4.7.3   Validation des algorithmes

En tenant compte des définitions ainsi présentées et du modèle issu de la décomposition du système sur la base orthogonale généralisée, le problème d'optimisation prend en compte le type du critère de performance et les incertitudes sur le modèle. Ces incertitudes forment deux ensembles d'appartenance de type orthotopique. Il est à signaler que pour chaque sous système, on procède à la mise à jour d'un ellipsoïde et on détermine l'orthotope circonscrit à l'ellipsoïde obtenu à la dernière itération. Cette modification permet la résolution du problème d'optimisation en tenant compte des sommets de l'orthotope uniquement.

4.7.3.1   Cas d'un critère quadratique

Les paramètres de réglage sont :

- $N_1 = 1$: horizon d'initialisation
- $N_p = 6$: horizons de prédiction
- $N_u = 3$: horizon de commande
- $\lambda_1 = 0.6$ *et* $\lambda_2 = 0.3$: pondérations sur les incréments de commandes

Pour chaque sous système, on trace la sortie, la référence, les signaux de commande, les incréments de commande et le critère.

Application de l'algorithme 4.1

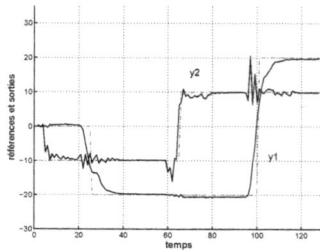

FIG. 4.5 – *Sorties du système (-)*
et leurs consignes (-.-)

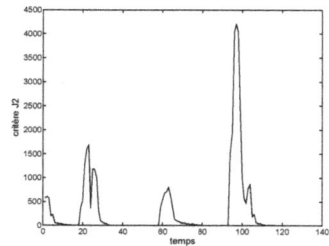

FIG. 4.6 – *Evolution du critère*
$\max\limits_{\sigma \in \; S(\Omega)} J_2(\Delta U, \; \sigma)$

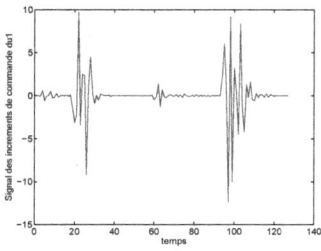

FIG. 4.7 – Evolution de l'incrément de commande δu₁

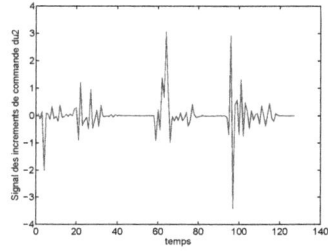

FIG. 4.8 – Evolution de l'incrément de commande δu₂

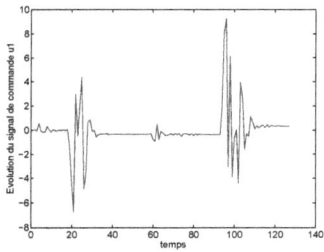

FIG. 4.9 – Evolution du signal de commande u₁

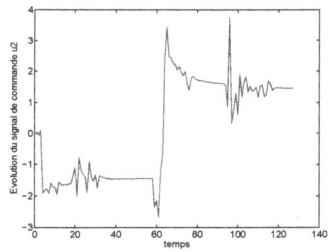

FIG. 4.10 – Evolution du signal de commande u₂

Application de l'algorithme 4.2

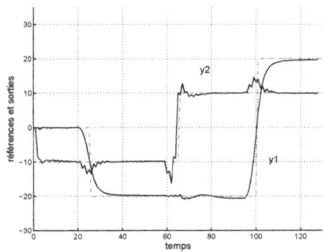

FIG. 4.11 – Sorties du système (-) et leurs consignes (-.-)

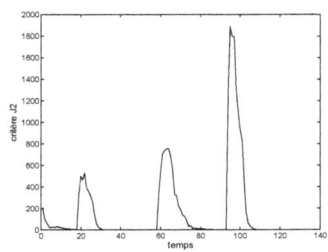

FIG. 4.12 – Evolution du critère $\max_{\sigma \in S(\Omega)} J_2(\Delta U, \sigma)$

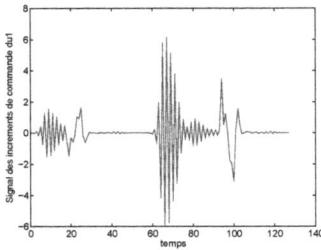

FIG. 4.13 – *Evolution de l'incrément de commande* δu_1

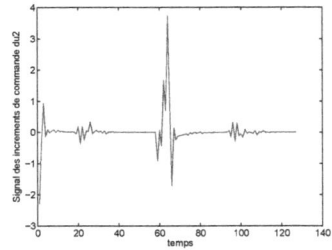

FIG. 4.14 – *Evolution de l'incrément de commande* δu_2

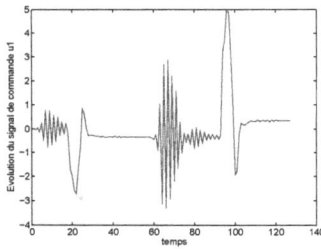

FIG. 4.15 – *Evolution du signal de commande* u_1

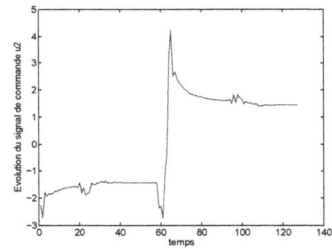

FIG. 4.16 – *Evolution du signal de commande* u_2

Pour les deux algorithmes de commande, on voit que les sorties commencent à évoluer avant l'arrivée du changement des consignes, ce qui montre une anticipation des consignes futures et ce qui rend les réponses du système optimales. Les commandes correspondantes obtenues par l'application de l'algorithme 4.1 et l'algorithme 4.2 sont tracées sur les figures (4.9), (4.10) et (4.15), (4.16) respectivement et ce suite au calcul des incréments de commandes donnés par les figures (4.7), (4.8) et (4.13), (4.14). Les figures (4.5) et (4.11) montrent les réponses du système à deux consignes rectangulaires. Les figures (4.6) et (4.12) donnent l'évolution du critère de performance selon l'algorithme 4.1 et l'algorithme 4.2 respectivement. On remarque visiblement que les résultats obtenus à l'aide de l'algorithme 4.2 sont meilleurs que ceux obtenus à l'aide de l'algorithme 4.1. Ceci peut être expliqué par le fait que les contraintes dans l'algorithme 4.2 traitent chaque sous système MISO contrairement aux contraintes présentées dans l'algorithme 4.1.

4.7.3.2   Cas d'un critère basé sur la norme l_1

En fixant les mêmes paramètres de réglage du critère, on remarque que les sorties du système poursuivent les consignes fixées. Ceci peut être illustré par la figure (4.17).

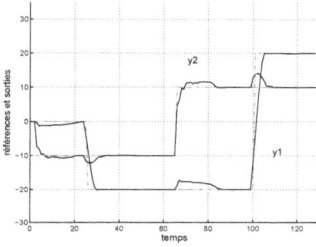

Fig. 4.17 – *Sorties du système (-) et leurs consignes (-.-)*

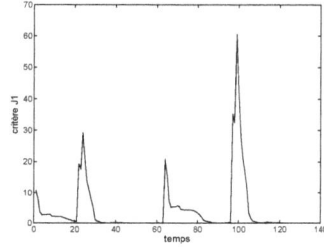

Fig. 4.18 – *Evolution du critère* $\max\limits_{\sigma \in \; S(\Omega)} J_1(\Delta U, \, \sigma)$

Un point qui n'apparaît pas sur ces simulations est l'importance pratique des temps de calculs. A un instant donné, on calcule la séquence de commandes optimale partant du point actuel, ou plutôt on commence à calculer cette séquence de commandes. En réalité elle ne sera disponible qu'une fois le calcul terminé. Ce problème n'est remarqué que dans le cas de l'application de l'algorithme 4.1.

4.7.3.3   Influence des paramètres de réglage

L'ensemble des résultats expérimentaux que nous présentons dans ce qui suit concernent uniquement l'algorithme 4.2 optimisant un critère quadratique.
Dans un premier temps nous nous intéressons à l'influence des paramètres de réglage N_p et N_u qui représentent respectivement l'horizon de prédiction et l'horizon de commande et ceci en considérant les pondérations λ_1 et λ_2 sur les incréments de commandes de 0.1 et 0.03 respectivement. Les simulations ont été effectuées sur le système bidimensionnel (4.117)-(4.120).

Dans un deuxième temps nous montrons l'influence de la matrice de pondération R_0 pénalisant les incréments de commandes.
Enfin dans un dernier temps nous analysons l'ensemble des résultats obtenus.

Pour chaque simulation nous ne présentons que les sorties du système et les signaux de références.

Influence des paramètres de réglage N_p et N_u

Nous résumons à l'aide du tableau (4.7) l'ensemble des simulations qui ont été réalisées.

Figure	N_p	N_u	Figure	N_p	N_u
4.19	3	3	4.29	1	1
4.20	4	3	4.30	2	1
4.21	5	3	4.31	4	1
4.22	6	3	4.32	6	1
4.23	7	3	4.33	12	1
4.24	8	3	4.34	3	2
4.25	9	3	4.35	6	2
4.26	10	3	4.36	6	4
4.27	11	3	4.37	6	5
4.28	12	3	4.38	6	6

TAB. 4.7 – *Sorties du système suite à des consignes rectangulaires*

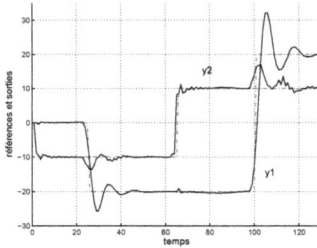

FIG. 4.19 – *Sorties du système pour $N_p = 3$ et $N_u = 3$*

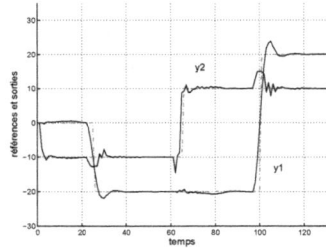

FIG. 4.20 – *Sorties du système pour $N_p = 4$ et $N_u = 3$*

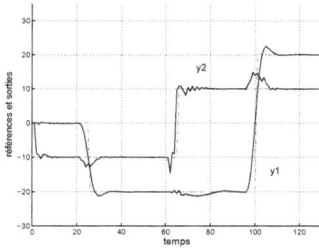

FIG. 4.21 – *Sorties du système pour* $N_p = 5$ *et* $N_u = 3$

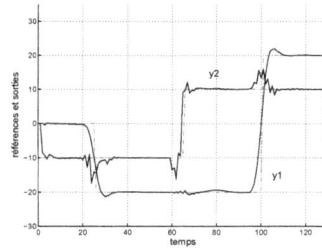

FIG. 4.22 – *Sorties du système pour* $N_p = 6$ *et* $N_u = 3$

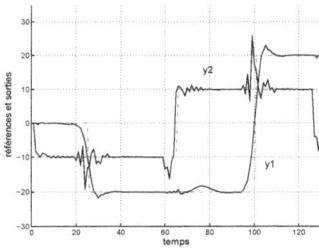

FIG. 4.23 – *Sorties du système pour* $N_p = 7$ *et* $N_u = 3$

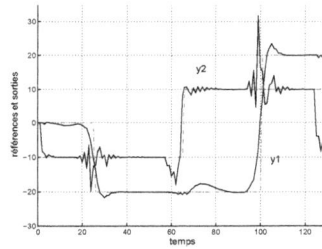

FIG. 4.24 – *Sorties du système pour* $N_p = 8$ *et* $N_u = 3$

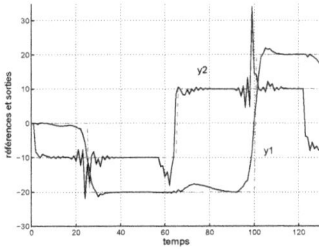

FIG. 4.25 – *Sorties du système pour* $N_p = 9$ *et* $N_u = 3$

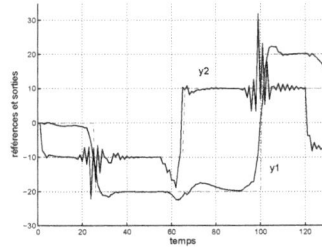

FIG. 4.26 – *Sorties du système pour* $N_p = 10$ *et* $N_u = 3$

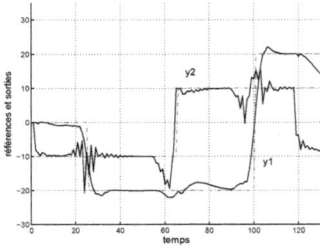

FIG. 4.27 – *Sorties du système pour $N_p = 11$ et $N_u = 3$*

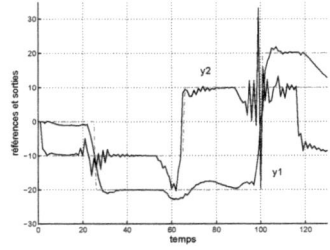

FIG. 4.28 – *Sorties du système pour $N_p = 12$ et $N_u = 3$*

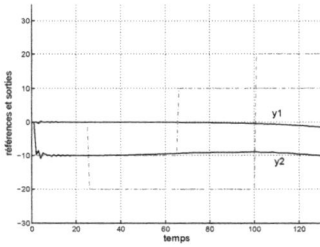

FIG. 4.29 – *Sorties du système pour $N_p = 1$ et $N_u = 1$*

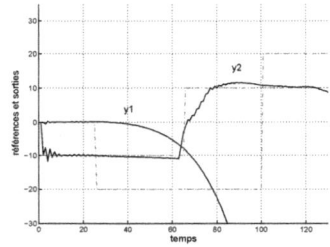

FIG. 4.30 – *Sorties du système pour $N_p = 2$ et $N_u = 1$*

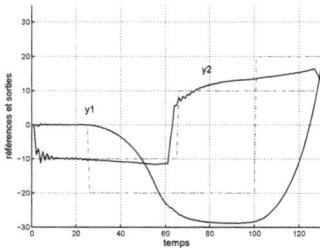

FIG. 4.31 – *Sorties du système pour $N_p = 4$ et $N_u = 1$*

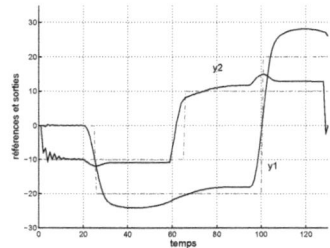

FIG. 4.32 – *Sorties du système pour $N_p = 6$ et $N_u = 1$*

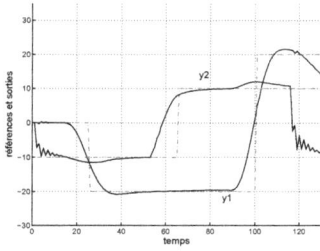

FIG. 4.33 – *Sorties du système pour* $N_p = 12$ *et* $N_u = 1$

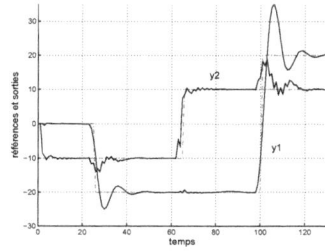

FIG. 4.34 – *Sorties du système pour* $N_p = 3$ *et* $N_u = 2$

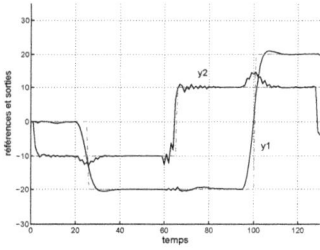

FIG. 4.35 – *Sorties du systèmes pour* $N_p = 6$ *et* $N_u = 2$

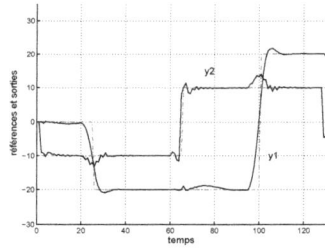

FIG. 4.36 – *Sorties du système pour* $N_p = 6$ *et* $N_u = 4$

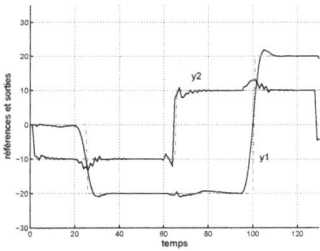

FIG. 4.37 – *Sorties du système pour* $N_p = 6$ *et* $N_u = 5$

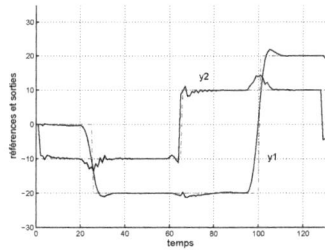

FIG. 4.38 – *Sorties du système pour* $N_p = 6$ *et* $N_u = 6$

Influence des pondérations sur les incréments de commandes

Nous nous sommes intéressés au réglage $(N_p,N_u)=(3,3)$.

Nous résumons à l'aide du tableau (4.8), l'ensemble des essais réalisés.

Figure	λ_1	λ_2
4.39	0.001	0.001
4.40	0.36	0.09
4.41	0.9	0.9
4.42	1.5	1.5
4.43	$(0.6)^k$	$(0.6)^k$

TAB. 4.8 – *Sorties du système suite à des consignes rectangulaires*

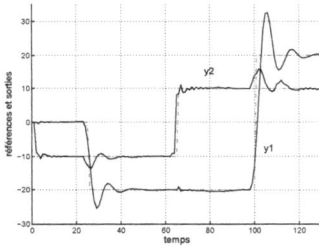

FIG. 4.39 – *Sorties du système pour $\lambda_1 = 0.001$ et $\lambda_2 = 0.001$*

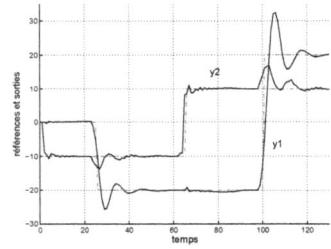

FIG. 4.40 – *Sorties du système pour $\lambda_1 = 0.36$ et $\lambda_2 = 0.09$*

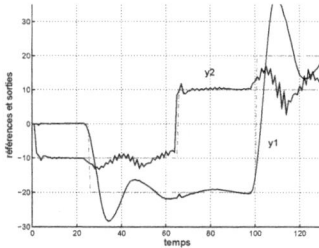

FIG. 4.41 – *Sorties du système pour $\lambda_1 = 0.9$ et $\lambda_2 = 0.9$*

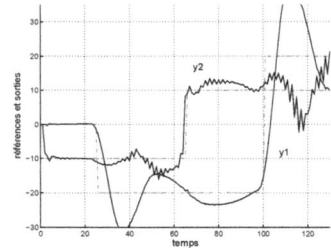

FIG. 4.42 – *Sorties du système pour $\lambda_1 = 1.5$ et $\lambda_2 = 1.5$*

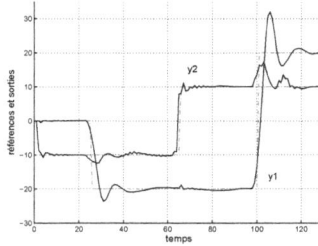

FIG. 4.43 – *Sorties du système pour* $\lambda_1 = 0.6^k$ *et* $\lambda_2 = 0.6^k$

Dans la figure (4.43) les pondérations sont fixées à 0.6^k où k prend les valeurs allant de 1 à 20 aux instants de changement des consignes.

Analyse des résultats

suite à ces essais, on remarque tout d'abord que le réglage $N_u = 1$ donne un comportement indésirable sur les sorties qui sont éloignées des consignes désirées. La qualité des réponses s'améliore lorsque N_u augmente et pour des valeurs voisines de celle de l'horizon de prédiction N_p ($N_p \approx N_u + 2$), les sorties suivent très fidèlement les trajectoires des consignes.

Nous avons également constaté qu'en augmentant l'écart entre N_p et N_u, il y a une dégradation de la poursuite des trajectoires de références. Ceci peut être expliqué par les pics des commandes u_1 et u_2 qui sont plus accentués en augmentant l'horizon de prédiction N_p et que la procédure d'inversion matricielle $\left[\sum_{s=1}^{m} \Lambda_s(\sigma_j^s) + R_0 \right]^{-1}$ est sensible aux erreurs numériques. Il est à signaler que cette remarque n'est pas constaté dans le cas de l'utilisation de l'algorithme basé sur la norme $\mathbf{l}_1$.

L'influence des pondérations apparaît nettement en comparant les figures (4.39)-(4.43). On constate que plus les pondérations augmentent plus le système répond lentement aux variations de consignes.

Il est clair qu'un bon choix des paramètres de réglage ne peut être obtenu que de manière expérimentale.

4.8 Conclusion

Dans ce chapitre on a adapté la méthode de commande prédictive robuste développée dans le cas des systèmes monovariables au cas des systèmes multivariables (MIMO). Deux types de contraintes ont été considérés, il s'agit des contraintes physiques résultants des limitations des capteurs et des actionneurs et des contraintes dues aux incertitudes paramétriques.

La synthèse de la commande prédictive robuste est assurée en utilisant le modèle obtenu suite à la décomposition de chaque sous système MISO du système MIMO sur les bases orthogonales généralisées. Cette modélisation simplifie énormément la résolution du problème de la commande prédictive en présence des incertitudes paramétriques. En effet, ce type de modélisation garantit deux avantages :

- Les incertitudes sont ramenées sur une seule matrice contenant les coefficients du modèle et ce contrairement à d'autres types de modélisation où les incertitudes interviennent au niveau de plusieurs matrices de la représentation d'état considérée.
- Le critère de performance considéré pour la synthèse de la séquence de commandes futures est convexe vis-à-vis du domaine d'incertitude paramétrique, ce qui facilite l'optimisation du critère en ne considérant que les sommets du domaine.

On a développé quatre algorithmes de commande prédictive robuste en minimisant trois types de critère de performance à savoir le critère quadratique, le critère basé sur la norme l_1 et le critère basé sur la norme infinie. Comme ces critères sont fonctions du vecteur de paramètres du modèle, il en résulte un problème d'optimisation min-max. Ce problème est formulé en une optimisation LMI pour chaque critère de performance.

Des simulations ont été effectuées sur un système linéaire à deux entrées et deux sorties et en présence des incertitudes paramétriques. Les simulations ont prouvé une convergence des sorties vers les références considérées. Cependant cette convergence reste assujettie au choix des paramètres de réglage de la commande prédictive notamment l'horizon de prédiction, l'horizon de commande et les pondérations sur l'énergie de commandes.

Conclusion générale

Le travail présenté dans ce rapport comporte trois volets :

- La modélisation des systèmes linéaires à l'aide de développements sur des bases de fonctions orthogonales.
- L'identification de domaines d'incertitude paramétrique des modèles résultants du développement précédent et ce en utilisant une approche d'identification à erreur bornée.
- La commande prédictive robuste des systèmes multivariables modélisés à l'aide d'une base orthogonale.

La première étude souligne d'abord l'intérêt des bases orthogonales dans la modélisation des systèmes LTI stables. Cette modélisation fournie d'une part une représentation d'état du modèle identifié aussi bien pour les systèmes SISO que pour les systèmes MIMO et d'autre part un nombre de paramètres relativement réduit. La difficulté de cette modélisation réside dans le choix de la base de filtres et de son ordre (choisir la base de filtres revient à fixer les pôles). Il est montré que la réduction de l'ordre de modèle exige un choix des pôles proche des dynamiques du système. A cet effet nous avons proposés un algorithme d'estimation de pôles des bases orthogonales généralisées à partir des mesures entrées-sorties.

Une seconde partie de ce travail traite l'identification des systèmes MISO. Dans le but d'exploiter l'algorithme d'optimisation des pôles dans le cas de la modélisation des systèmes multivariables incertains à l'aide de développements sur des bases de fonctions orthogonales, nous avons utilisé les techniques MISO. Cette décomposition permet l'identification des modèles ainsi obtenus en faisant appel à des méthodes d'estimation à erreur bornée. Cette technique d'identification repose sur l'hypothèse qu'aucune information sur la nature statistique du bruit ou de la perturbation est connue à l'exception de sa borne. C'est à l'aide de cette borne que l'on pourrait construire un ensemble de paramètres admissibles compatibles avec la structure du modèle, les bornes et les mesures passées.

Comme cet ensemble est un polytope de forme géométrique complexe, on l'approxime par des formes plus simples : orthotope ou ellipsoïde. Nous avons donc présenté quelques méthodes permettant de construire ces ensembles de formes simples et de taille minimale contenant l'ensemble des paramètres du modèle à identifier. Les domaines d'incertitude paramétrique résultant de l'application de ces méthodes d'estimation robuste sont exploités pour la synthèse d'une commande prédictive robuste.

Une troisième partie de ce travail est consacrée à la commande prédictive robuste vis-à-vis des incertitudes paramétriques des systèmes multivariables. Ainsi plusieurs algorithmes de commande robuste permettant de prendre en compte des contraintes de saturation des signaux d'entrées et de ses incréments ont été développés. Suivant la norme utilisée au niveau du critère de performance, l'application d'une stratégie pire cas nécessite de résoudre un problème d'optimisation min-max. Les techniques utilisées pour résoudre ce type de problème d'optimisation sont basées sur les programmes d'optimisation convexe sous contraintes dites "Inégalités Matricielles Linéaires" LMI. Cette formulation LMI nous a permis de résoudre ces problèmes de manière efficace, à l'aide de méthodes récentes de point intérieur disponible dans le Toolbox du logiciel MATLAB. Il est important de signaler que lors de la résolution de ces algorithmes de commande robuste, nous avons profité de la décomposition du système MIMO en plusieurs sous systèmes MISO. Ce résultat est notamment remarquable dans le cas de l'algorithme 4.2 obtenu avec le critère quadratique et qui donne un nombre de contraintes relativement réduit; ce qui favorise son utilisation en temps réel. Les résultats de simulations ont aussi soulignés à la fois l'intérêt de cette décomposition MISO et la reproduction satisfaisante du comportement multivariable en sortie.

Le travail mis au point jusqu'alors suscite beaucoup de perspectives desquelles on peut citer :

- L'étude de la décomposition de systèmes qui nécessitent la détermination de pôles réels et complexes de la base BOG considérée du fait que le travail réalisé ne traite que le cas de pôles réels. En effet les matrices de la représentation d'état définissant la base dépendent des pôles et synthèse de la commande prédictive robuste demande une formulation spécifique.
- L'étude de la stabilité en boucle fermée du système MIMO pour les différents algorithmes de commande prédictive robuste développés dans notre travail à l'instar des travaux entrepris par [Oliveira et al, 2000] qui a étudié la stabilité de la commande prédictive robuste dans le cas des systèmes SISO développés sur la base de Laguerre.

– La transposition des trois parties de rapport au cas des systèmes multivariables non linéaires où une modélisation par les séries de Volterra avec un développement des noyaux de Volterra sur les bases de fonctions orthogonales pourra être envisagée. De même une décomposition tensorielle de ces noyaux peut être efficace pour la réduction de la complexité du modèle de Volterra proposé.

Annexe A

Fonctions à variable complexe

A.1   Intégration dans C des fonctions holomorphes

A.1.1   Théorème fondamental de Cauchy

Soient γ_0 et γ_1 deux chemins homotopes dans un domaine D. Alors si f est une fonction holomorphe dans D, on a :

$$\int_{\gamma_0} f\ dz = \int_{\gamma_1} f\ dz \tag{A.1}$$

Une forme plus classique du théorème de Cauchy est :

$$\int_{\gamma} f\ dz = 0 \tag{A.2}$$

pour tout chemin γ fermé dans un domaine simplement convexe de D.

Ce résultat reste valable en introduisant la notion de frontière orientée. Le bord orienté $\partial\mathbb{K}$ d'un compact $\mathbb{K}$ de $\mathbb{C}$ est sa frontière orientée de telle façon que l'intérieur du domaine reste toujours à gauche du sens de parcours. Alors, si f est holomorphe sur un domaine D contenant $\mathbb{K}$, on a :

$$\int_{\partial\mathbb{K}} f\ dz = 0 \tag{A.3}$$

A.1.2   Théorème des résidus

Soit une fonction f holomorphe dans un domaine D sauf peut-être en des points singuliers isolés. Soit $\mathbb{K}$ un compact contenu dans D de bord orienté $\partial\mathbb{K}$ ne passant par aucune des singularités de f. Alors, f possède un nombre fini de points singuliers contenus dans D, notés z_k; et on a :

$$\int_{\partial\mathbb{K}} f(z)\, dz = 2\pi j \sum_k res(f, z_k) \tag{A.4}$$

Si z_0 est un pôle d'ordre η de f, alors la fonction $g(z) = (z - z_0)^\eta f(z)$ est holomorphe au voisinage de z_0 et donc développable en série de Taylor en ce point. Le résidu de f en z_0 est égale à l'expression suivante :

$$res(f, z_0) = \frac{1}{(\eta - 1)!} \lim_{z \to z_0} \frac{d^{\eta-1}}{dz^{\eta-1}}[(z - z_0)^\eta f(z)] \tag{A.5}$$

A.2   Matrices polynomiales et rationnelles

Définition: Une matrice $P(z) \in \mathbb{R}^{m \times m}$ est unimodulaire quand $P^{-1}(z)$ existe et est une matrice polynomiale.

A.2.1   Forme de Smith d'une matrice polynomiale

En s'autorisant des opérations à la fois sur les lignes et sur les colonnes d'une matrice polynomiale, il est possible de la transformer en une matrice polynomiale quasi diagonale.

Théorème : forme de Smith : toute matrice $P(z)$ $(p \times m)$ polynomiale de rang r peut être factorisée comme suit :

$$P(z) = U_1(z) \wedge (z) U_2(z) \tag{A.6}$$

avec

$$\wedge(z) = \begin{bmatrix} \Delta(z) & 0 \\ 0 & 0 \end{bmatrix}, \quad \Delta(z) = diag\{\lambda_1(z), \ldots, \lambda_r(z)\}, \tag{A.7}$$

$\lambda_i(z)$, $i = 1, \ldots, r$ sont des polynômes normalisés tels que $\lambda_i(z)$ divise $\lambda_{i+1}(z)$ pour $i = 1, \ldots, r - 1$.
$U_1(z)$ et $U_2(z)$ sont deux matrices unimodulaires.
$\wedge(z)$ est unique et est appelée forme de Smith de $P(z)$ sur l'anneau des polynômes.
Les $\lambda_i(z)$ sont appelés polynômes invariants de $P(z)$. Ils peuvent être obtenus de la façon

suivante : soit $d_i(z)$ le pgcd (plus grand commun diviseur) normalisé des mineurs d'ordre
i de $P(z)$ avec $d_0(z) = 1$, alors $\lambda_i(z) = \frac{d_i(z)}{d_{i-1}(z)}$ pour $i = 1, \ldots, r$.

Remarque :

on définit pour une matrice $A(m \times n)$

$$A = \begin{bmatrix} a_{11} & a_{12} & \cdots & a_{1n} \\ a_{21} & a_{22} & \cdots & a_{2n} \\ \vdots & \vdots & \ddots & \vdots \\ a_{m1} & a_{m2} & \cdots & a_{mn} \end{bmatrix}$$

la matrice diagonale si $a_{ij} = 0$ pour $i \neq j$ ($i = 1, \ldots, m$ et $j = 1, \ldots, n$) et on note
$A = diag\{a_{11}, a_{22}, \ldots, a_{kk}\}$ avec $k = min(m,n)$.

A.2.2   Forme de Smith d'une matrice rationnelle

De manière analogue à ce qui a été fait pour les matrices polynomiales, à partir de
transformations élémentaires sur les lignes et sur les colonnes d'une matrice rationnelle,
il est possible de la transformer en une matrice rationnelle diagonale.

Théorème : forme de Smith-McMillan : toute matrice $T(z)$ ($p \times m$) rationnelle de
rang r peut être factorisée comme suit :

$$T(z) = U_1(z) \wedge_m (z) U_2(z) \tag{A.8}$$

avec $U_1(z)$ et $U_2(z)$ sont deux matrices unimodulaires et

$$\wedge_m(z) = \begin{bmatrix} \Delta(z) & 0 \\ 0 & 0 \end{bmatrix}, \quad \Delta_m(z) = diag\{\frac{\varepsilon_1(z)}{\nu_1(z)}, \ldots, \frac{\varepsilon_r(z)}{\nu_r(z)}\}, \tag{A.9}$$

où $\varepsilon_i(z)$ et $\nu_i(z)$, $i = 1, \ldots, r$ sont des polynômes normalisés premiers entre eux tels que
$\varepsilon_i(z)$ divisant $\varepsilon_{i+1}(z)$ pour $i = 1, \ldots, r-1$, $\nu_i(z)$ divisant $\nu_{i-1}(z)$ pour $i = 2, \ldots, r,$.
$\wedge_m(z)$ est définie de manière unique et est appelée forme de Smith-McMillan de la matrice
rationnelle $T(z)$.

A.2.3   Factorisations polynomiales des matrices propres

Définition. Soit $T(z) \in \mathbb{R}^{p \times m}$ une matrice ($p \times m$) rationnelle propre. Une factorisation de $T(z)$ de la forme $T(z) = N(z)D^{-1}(z)$, où $N(z)$ et $D(z)$ sont deux matrices
polynomiales de dimensions ($p \times m$) et ($m \times m$) respectivement avec $D(z)$ inversible, est
appelée factorisation polynomiale à droite de $T(z)$. Quand $N(z)$ et $D(z)$ sont des matrices

premières entre elles à droite, la factorisation est appelée première à droite.

De façon semblable, une factorisation de $T(z)$ de la forme $T(z) = \overline{D}^{-1}(z)\overline{N}(z)$, où $\overline{N}(z)$ et $\overline{D}(z)$ sont deux matrices polynomiales de dimensions $(p \times m)$ et $(p \times p)$ respectivement avec $\overline{D}(z)$ inversible, est appelée factorisation polynomiale à gauche de $T(z)$. Quand $\overline{N}(z)$ et $\overline{D}(z)$ sont des matrices premières entre elles à gauche, la factorisation est appelée première à gauche.

A.2.4   Produit de Kronecker

Soient deux matrices $A(m \times n)$ et $B(s \times t)$, on définit leur produit de Kronecker (ou produit tensoriel) $C(ms \times nt)$ par :

$$C = A \otimes B = \begin{pmatrix} a_{11}B & \cdots & a_{1n}B \\ \vdots & \ddots & \vdots \\ a_{m1}B & \cdots & a_{mn}B \end{pmatrix} \tag{A.10}$$

Bibliographie

[Arruda ,1992] : **Arruda L.V.R**, "Etude d'algorithmes d'estimation robustes et développement d'un système à base de connaissance pour l'identification ", Thèse de Doctorat, Université de Nice-Sophia Antipolis, France, 1992.

[Arruda et Favier, 1991] : **Arruda L.V.R et Favier G**, "A review and comparison of robust estimation methods", IFAC Symposium. On Identification and System Parameter Estimation, Budapest Hungaria, pp. 1027-1032, 1991.

[Biannic, 1996] : **Biannic J. M**, " Commande robuste des systèmes à paramètres variables : application en aéronautique", Thèse de Doctorat, Ecole nationale supérieure de l'aéronautique et de l'espace, Toulouse, 1996.

[Bouzrara, 2000] : **Bouzrara K**, "Commande multivariable de la température et de l'humidité à l'intérieure d'une soufflerie de séchage" Mémoire de DEA, Faculté des Sciences de Monastir, 2000.

[Bouzrara et Chaieb, 1998] : **Bouzrara K et Chaieb F**, "Régulation du niveau d'eau d'une chaudiére" Mémoire du Projet de Fin d'études, ENIM, 1998.

[Broome, 1965] : **Broome P.W**, " Discrete orthonormal sequences". Journal of the association for computing machinary. Vol. 12, N°. 2, pp. 151-168, 1965.

[Carriou, 1996] : **Carriou J. P**, "Commande des procédés" éditer par Technique et documentation 1996. ISBN:2-7430-0145-3.

[Clarke et al, 1987] : **Clarke D. W, Tuffs P. S et Mohtadi C**, "Generalized Predictive Control- Part I The basic Algorithm, Part II Extensions and Interpretations " Automatica, vol. 23, N°2, pp. 137 - 160, 1987.

[Clement, 2001] : **Clement B**, " Synthèse multicritère et séquencement de gains : application au pilotage d'un lanceur spatial". Thèse de doctorat à l'Université Paris XI, U.F.R. Scientifique d'Orsay, France, 2001.

[Clement et Duc, 1999] : **Clement B et Duc G** "Synthèse Multicritère par retour de sortie : formulation par LMI", Journées Doctorales d'Automatique, Nancy, pp 129-132, Septembre-1999.

[Clows, 1966] : **Clows G.J**, "Choice of the time-scaling factor for linear system approximations using orthonormal Laguerre functions". IEEE Transactions on Automatic Control. Vol. 10, pp. 487-489, 1966.

[Den Brinker, 1996] : **Den Brinker A.C**, "Optimality conditions for a specific class of truncated Kautz series". IEEE Transactions on Circuit and Systems - II Analog and Digital Processing. Vol. 43, N°. 8, pp. 597-600, 1996.

[Donkelaar, 2000] : **V. Donkelaar E. T**, "Improvement of effciency in identification and model predictive control of industrial processes A fexible linear parametrization approach " PhD,The Netherlands, 2000.

[Dubois, 1987] : **Dubois D**, "Commande des systèmes linéaires multivariables". Thèse de doctorat à l'université de Nice, France, 1987.

[e Silva, 1994a] : **e Silva T.O**, "Optimality conditions for truncated Laguerre networks". IEEE Transactions on signal Processing. Vol. 42, N°. 9, pp. 2528-2530,1994.

[e Silva, 1994b] : **e Silva T.O**, "Optimality conditions for truncated Kautz networks with two periodically repeating complex conjugate poles". IEEE Transactions on Automatic Control. Vol. 40, N°. 2, pp. 342-346, 1994.

[Favier, 1982] : **Favier G**, " Filtrage, modélisation et identification de systèmes linéaires stochastiques à temps discret" . Edition du C.N.R.S - 1982.

[Favier, 2001] : **Favier G**, " Sur la théorie de l'approximation dans des espaces hilbertiens:Application à la modélisation des signaux et des systèmes " . Le deuxième Séminaire Tunisien d'Automatique, STA, Douz 4-7 Novembre 2001.

[Favier et Arruda, 1996] : **Favier G et Arruda L.V.R**, "Review and comparison of ellipsoidal bounding algorithms", in M. Milanese, Bounding approaches to system identification (pp. 43-68). New York : Plenum Press, 1996.

[Favier et Oliveira, 2002] : **Favier G et Oliveira G**, Chapitre dans le livre " Conception de commandes robustes ", sous la direction de J. Bernussou et A. Oustaloup. Edition du Hermes Sciences - 2002.

[Fogel et Huang, 1982] : **Fogel E et Huang Y.F**, "On the value of information in system identification : bounded noise case ", Automatica, Vol. 18 n°2, pp. 229-238, 1982.

[Fu et Dumont, 1993] : *Fu Y et Dumont G.A*, "An optimum Time Scale for Discrete Laguerre Network". IEEE Transactions on Automatic Control. Vol. 38, N°. 6, pp. 934-938, 1993.

[Gahinet et al,1994] : *Gahinet P, Nemirovski A, Laub A.J et Chilali M*, "LMI Control toolbox for use with MATLAB". The Mathworks Inc, 1994.

[Gomez, 1996] : *Gomez J. C*, "MIMO system identification using orthonormal basis functions : Asymptotic properties of the transfer Matrix Estimate " Technical report EE9616, May 9, 1996.

[Gomez, 1998a] : *Gomez J. C*, "Analysis of dynamic system identification using rational orthonormal bases " . PHD, the university of newcastle, new south wales, 2308; Australia, 1998.

[Gomez, 1998b] : *Gomez J. C*, "Minimal state-space realizations for orthonormal basis based identified models " . rapport technique decembre 1998.

[Goodwin et Sin, 1984] : *Goodwin G et Sin K* "Adaptive Filtering prediction and control" . Prentice-Hall, Engelewood Cliffs, New Jersey, 1984.

[Guidorzi, 1975] : *Guidorzi R*, "Canonical structures in the identification of multivariable systems ". Automatica. Vol. 11, pp. 361-374, 1975.

[Huang et al, 1996] : *Huang B, Shah S. L et Fujii H* "Identification of the Time delay /Interactor "matrix for MIMO systems using Closed Loop data". IFAC World Congress, 1996.

[Heuberger et al,1995] : *Heuberger P.S.C, Van den Hof P.M.J et Bosgra O.H*, "A generalized orthonormal basis for linear dynamical systems". IEEE Transactions on Automatic Control. Vol. 40, N°. 3, pp. 451-465, 1995.

[Kamoun, 1987] : *Kamoun M*, " Recursive methods for identification of multivariable linear systems ". Workshop on Automatic Control and Signal Processing, 19-23 Janvier 1987, E.M.I, Rabat, Maroc.

[Kautz, 1952] : *Kautz W*, " Netword synthesis for specified transient response". Technical report, 209, M.I.T. Research Laboratory, Electronics, 1952.

[Kibangou, 2005] : *Kibangou A*, " Modeles de volterra à complexité réduite : estimation paramétrique et application à l'égalisation des canaux de communication". Thèse de doctorat à l'université de Nice-Sophia Antipolis - UFR Sciences, (France), 2005.

[Kreysig, 1993] : **Kreysig E**, "Advanced engineering mathematics". John Wiley and Sons, Septième édition, 1993.

[Lindskog, 1996] : **Lindskog P**, "Methods, Algorithms and Tools for System Identification Based on Prior Knowledge". Ph. D. dissertation Linköping University (Suède). N°. 436, 1996.

[Ljung, 1987] : **Ljung L**, " System Identification : Theory for the User ". Prentice-Hall, Englewood Cliffs, New Jersey. 1987.

[Malti, 1999] : **Malti R**, " Représentation de systèmes discrets sur la base des filtres orthogonaux - Application à la modélisation de systèmes dynamiques multi-variables". Thèse de doctorat à l'INPL : Institut National Polytechnique de Lorraine, France, 1999.

[Maraoui et Messaoud, 2001] : **Maraoui S et Messaoud H**, " Design and comparative study of limited complexity bounding error identification algorithms", IFAC Symposium On System Structure and Control, Prague -Cheque Republique, 29-31 August 2001.

[Masnadi-Shirazi, 1990] : **Masnadi-Shirazi M.A**, " Optimum synthesis of linear discrete-time systems using orthogonal Laguerre sequences", Ph.D. dissertation. New Mexico University, Albuquerque, USA, 1990.

[Masnadi-Shirazi et Ahmed, 1991] : **Masnadi-Shirazi M.A et Ahmed N**, " Optimum Laguerre networks for a class of discrete-time systems". IEEE Transactions on signal Processing. Vol. 39, N°. 9, pp. 2104-2108, 1991.

[Messaoud, 1993] : **Messaoud H**, " Identification et commande robustes : etude et comparaison d'algorithmes", Thèse de Doctorat, Université des Sciences des Techniques et de Medecine de Tunis, 1993.

[Messaoud, 1998] : **Messaoud H**, " Dead zone computing in Bounding Ellipsoïd algorithms", CESA'98 IMACS Multiconferences, Hammamet-Tunisia, 1-4 April pp. 480 - 485, 1998.

[Messaoud et Favier, 1994] : **Messaoud H et Favier G**, " Recursive determination of parameter uncertainty intervals for linear models with unknown but bounded errors",10th IFAC Symposium on System Identification, Copenhagen - Danemark, 4-6 July, pp. 365-370, 1994.

[Migliore, 2004] : **Migliore E. G** , "Commande predictive a base de programmation

semi definie ". Thèse de doctorat de l'Institut National des Sciences Appliquées de
Toulouse, au Laboratoire LAAS du CNRS (France), 2004.

[Mo et Norton, 1990] : **Mo S. H et Norton J.P**, "Fast and robust algorithm to com-
pute exact polytope parameter bounds", Mathematics and Computers in Simulation,
Vol. 32, pp. 481-493, 1990.

[Nesterov et Nemirovski,1994] : **Nesterov Yu. E et Nemirovski A. S**, "Interior point
polynomial methods in convex programming : theory and applications" volume 13 of
SIAM Studies In Applied Mathematics. SIAM, Philadelphia, 1994.

[Nesterov et Nemirovski, 1988] : **Nesterov Y et Nemirovski A**, " A general approach
to polynomial-time algorithm design for convex programming". Technical report,
centr. Econ. Math. USSR Acd. Sci. Moscow, 1998.

[Ngia, 2000] : **Lester S et. Ngia H**, "System Modeling Using Basis Functions and Application to Echo Cancelation". Thèse de doctorat; School of Electrical and Computer
Engineering, Chalmers University of Technology, Sweden, 2000.

[Ninness, 1998] : **Ninness B**, " The utility of orthonormal bases", Technical Report
EE9802, Department of Electrical and Computer Engineering, University of Newcastle, Australia.

[Ninness et Gustafsson, 1997] : **Ninness B et Gustafsson F**, "A unifying construction
of orthonormal bases for system identification". IEEE Transactions on Automatic
Control. Vol. 42, N°. 4, pp. 515-521, 1997.

[Ninness et al, 1997b] : **Ninness B, Hjalmarsson H et Gustafsson F**, " The fun-
damental role of General Orthonormal bases in system identification ", Technical
Report EE9737, Centre for Integrated Dynamics and Control (CIDAC), Department
of Electrical and Computer Engineering, University of Newcastle, Australia, 1997.

[Oliveira et al, 2000] : **Oliveira G, Amaral W, Favier G et Dumont G**, "Contrai-
ned robust predictive controller for uncertain processes modeled by orthonormal series functions" Automatica, vol 36, pp. 563-571, 2000.

[Peng et Kinnaert, 1992] : **Peng Y et Kinnart M**, "Explicit solution to the singular
LQ regulation problem " IEEE Transaction on Automatic Control, vol 37, N° 5, pp.
633-636, 1992.

[Rhaimi, 1986] : **Rhaimi B**, "Identification récursive des sustèmes multivariables à temps
discret". Mémoire DEA, ENSET-Tunis.

[Samblancat, 1991] : **Samblancat C**, "Commande robuste multivariable Application à l'helicoptère". Thèse de doctorat de l'Ecole Nationale Supérieure de l'aeronautique et de l'espace de Toulouse, (France), 1991.

[Scorletti,1994] : **Scorletti G**, "Introduction à l'optimisartion LMI pour l'automatique" Notes de cours, Université de Caen, Institut de la matière et du rayonnement, France, 2004.

[Shah et al, 1987] : **Shah S, Mohtadi C et Clarke D. W** "Multivariable Adaptive Control without a prior knowledge of the Delay Matrix". Syst. Cont. Let., pages 295-306, 1987.

[Tanguy, 1994] : **Tanguy N**, "La transformation de Laguerre discrète ". Thèse de doctorat de l'université de Bretagne Occidentale, Brest (France), 1994.

[Vicino et Zappa, 1996] : **Vicino A et Zappa G**, " Sequential approximation of feasible parameter sets for identification with set membership uncertainty", IEEE TAC, Vol. 41, No. 6, pp. 774 - 784, 1996.

[Wahlberg, 1991] : **Wahlberg B**, " System identification using Laguerre models ". IEEE Transactions on Automatic Control. Vol. 36, N°. 5, pp. 551-562.

[Wahlberg, 1994] : **Wahlberg B**, "Laguerre and Kautz models ". IFAC Symposium on System Identification, SYSID'94, Copenhagen (Denmark). Vol. 3, pp. 1-12.

[Walter et Piet-Lahanier, 1989] : **Walter E et Piet-Lahanier H**, "Exact Recursive Polyhedral description of the feasible Parameter Set for Bounded-Error Models", IEEE, Transaction on Automatic Control, Vol. 34, N°. 8, pp. 911 - 914, 1989.

[Wolovich, 1974] : **Wolovich W. A**, " Linear multivariable systems ", Springer-Verlag New Yoerk.Heidelberg.Berlin, 1974.

[Wolovich et Falb, 1976] : **Wolovich W. A et Falb P. L** "Invariants and Canonical Forrns Under Dynarnic Compensation". SIAMJ Cont. and Opt., 14:996-1008, Nov. 1976.

[Young et Huggins, 1962] : **Young T et Huggins W**, " Complementary signals and orthogonalized exponentials". IRE Transactions on Circuit Theory. Vol. CT -9, pp. 362-370, 1962.

www.ingramcontent.com/pod-product-compliance
Lightning Source LLC
Chambersburg PA
CBHW021048210326
41598CB00016B/1134